中国住宅设计
——与——
地域符号研究

李 垣 ◎ 著

中国建筑工业出版社

图书在版编目（CIP）数据

中国住宅设计与地域符号研究/李垣著. ——北京：中国建筑工业出版社，2024.12. ——ISBN 978-7-112-30559-9

Ⅰ.TU241

中国国家版本馆CIP数据核字第20245M5U48号

责任编辑：滕云飞
书籍设计：锋尚设计
责任校对：赵　力

中国住宅设计与地域符号研究
李　垣　著

*

中国建筑工业出版社出版、发行（北京海淀三里河路9号）
各地新华书店、建筑书店经销
北京锋尚制版有限公司制版
建工社（河北）印刷有限公司印刷

*

开本：787毫米×1092毫米　1/16　印张：13¼　字数：270千字
2024年12月第一版　　2024年12月第一次印刷
定价：48.00元
ISBN 978-7-112-30559-9
（43978）

版权所有　翻印必究
如有内容及印装质量问题，请与本社读者服务中心联系
电话：（010）58337283　QQ：2885381756
（地址：北京海淀三里河路9号中国建筑工业出版社604室　邮政编码：100037）

序：若隐若现的符号

建筑的全球性与地域性是建筑学界半个多世纪以来一直关注的重要话题，也是一个对建筑设计实践有重要影响的话题。全球化与消费社会给中国大城市带来了发展、生机与活力，带来了新的技术和当代建筑形式，同时也淹没了许多的城市历史底蕴与建筑的地域个性。中国建筑在现代化进程中如何"寻根"，如何表达，是中国建筑学者、建筑师普遍关心的问题。

我从1981年到1989年，在同济大学的本科和研究生学习；求学阶段感受到了贯穿了整个20世纪80年代的建筑讨论。"建筑传统与现代化"有了许许多多的争鸣和实践。《建筑学报》、《建筑师》、《时代建筑》等主要期刊经常有关于"传统与创新"的讨论文章；梁思成先生等建筑师早年的地安门宿舍等实践成为研究思考的对象，扬州鉴真和尚纪念堂、北京香山饭店、上海松江方塔园、西安三唐工程、苏州人民路沿街建筑、曲阜阙里宾舍等新建建筑，引起了大家的关注。当时关于后现代主义建筑的研究，对建筑创作产生了直接的影响；20世纪90年代"传统符号"的运用成为建筑师和甲方领导面对这一挑战的法宝，北京"夺回古都风貌"现象也呈现了许多符号的运用。

进入新世纪，中国建筑理论研究和实践创作更加深入和多元，在如何对待建筑的传统问题上有了多样化的道路，对"地域主义"的研究也有了多种回答。对城市肌理的重视、传统材料的新建构、建筑符号的再创造都有非常丰富的尝试。地域主义建筑理念得到了发展和实践。虽然从"批判的地域主义"建筑思想来说，符号的运用是不受鼓励的；但也许是中国建筑传统具有鲜明的屋顶形式的缘故，建筑师和业主还是很难完全摆脱符号，符号运用贯穿了从20世纪90年代到今天的整个过程；中国美院象山校区、2010世博会中国馆、国家版本馆西安分馆等都是典型的实例。伴随着房地产业的蓬勃兴起，这一现象也渗透到了住宅设计之中。早年有北京菊儿胡同、上海九间堂等著名案例；后来又有绿城等房地产项目"新中式"的各地实践。建筑传统和地域问题始终在建筑师的关注中，符号在几十年设计实践中一直若隐若现。

十年前，我开始担任李垣的博士生导师。在博士论文选题的时候，根据她的特点和我感兴趣的领域，我们共同确定了以住宅设计为题材，探究建筑地域主义住宅设计实践中的运用这一主题；并且在后续讨论中，又提出了一个有趣的切入点——符号。以此串联建筑地域主义理论在中国的发展与当代中国的住宅创作实践关系。李垣经过认真思考，提出了重要的线索：中国住宅设计在建筑传统形式的关注方面，从1949年以来经历了"建符号、无符号、再符号、显符号、隐符号"五个阶段，对此我很赞成。她还重点分析了符号由显到隐过程中运用的四种设计手法：图像地域主义、类型学地域主义、体验的地域主义，以及人类学地域主义。最终顺利地完成博士论文。

李垣2011年从东南大学毕业后，跟随我攻读硕士研究生，相应参与了设计实践项目。攻读博士研究生期间曾在美国加州大学伯克利分校进行为期一年的联合培养，得到Rene Chow教授的指导。在她的整个论文撰写过程中，她勇于独立探索，善于交流。经过了师生之间多次的讨论，产生了很多观点的碰撞和共识，最终形成了一本比较满意的博士论文。本书脱胎于博士论文，但又有新的发展。在童明教授担任其联系导师期间，李垣在博士后流动站的研究中又有了新的学术贡献，并获得了自然科学基金青年项目的资助，因此书中补充了不少新的思考。本书对中国住宅发展历程、建筑地域主义理论、地域主义设计等方面的论述，有创新性和独到的观点；而60个案例的收集、照片与图形分析，则又能给更广泛的读者阅读的可能性。

希望这本有鲜明观点和丰富资料的学术著作，能为中国建筑地域主义、当代建筑史和住宅设计等专业领域的相关研究实践，提供有益的帮助。

李振宇
同济大学建筑与城市规划学院教授、原院长
同济大学共享建筑工作室主持建筑师
2024年于上海

目 录

第一章　世界的还是中国的？　　1
一、全球化、地域性、住宅、符号　　2
二、建筑地域主义：一种文化策略　　3
三、当代中国住宅创作的境况　　5
四、有关地域主义的讨论　　6
  1. 赞同在中国的实践中采用建筑地域主义的策略　　8
  2. 质疑建筑地域主义合理性　　9
  3. 中立的理论研读　　10

第二章　去符号：建筑地域主义的理论态度　　13
一、千变万化的"建筑地域主义"　　14
  1. 内容的多样性　　14
  2. 历史上有关建筑地域主义的多种语境　　15
二、传统、乡土、民族、地域　　18
  1. 传统建筑　　18
  2. 乡土建筑　　18
  3. 民族建筑　　19
  4. 建筑地域主义　　20
三、西方的建筑地域主义：争论与统一　　22
  1. 先锋派的抵抗　　22
  2. 国际式与地域性的论战　　24
  3. 后现代主义之外的选择　　30
  4. 批判的地域主义　　32
  5. 西方建筑地域主义理论发展历程小结　　39

四、中国的建筑地域主义：一种"去符号"的态度　　39
　　　　1. 重要建筑思想举例　　39
　　　　2. 中国建筑界看待建筑地域主义的一种"去符号"态度　　45
　　　　3. 建筑地域主义的理论预期与实践困境　　49

第三章　符号消长：住宅的演变历程　　53

　　一、建符号：民族的形式　　54
　　　　1. 社会主义的内容，民族的形式　　55
　　　　2. 住宅大街坊布局与中国传统形式　　56
　　二、无符号：厉行节约与意识消减　　59
　　　　1. 反对浪费，突出节约　　59
　　　　2. 住宅设计的地域表达：符号与地域特征同时消失　　60
　　三、再符号：复苏的身份认知　　65
　　　　1. 经济发展与文化开放　　65
　　　　2. 公共建筑中的地域主义意识　　66
　　　　3. 住宅建设对量的急迫需求　　71
　　　　4. 住宅的标准建设与设计的符号再生　　72
　　四、显符号：寻根　　78
　　　　1. 全国性建设与开发热潮　　78
　　　　2. 市场经济带来的消费与猎奇　　79
　　　　3. "中式"居住的符号彰显　　80
　　五、隐符号：地域认同重建的过程　　85
　　　　1. 全球化浪潮　　85
　　　　2. 中国成为国际建造场　　85
　　　　3. 隐匿符号的文化身份构建　　85
　　　　4. 服务于少数人的地域主义　　88

第四章　符号显隐：当代住宅创作　　91

　　一、四种手法　　92
　　　　1. 帕弗莱兹按照历史脉络提出的四种方法　　92
　　　　2. 本文归纳的四种设计手法　　94
　　二、作为原型的建筑　　95
　　　　1. 北京四合院　　96
　　　　2. 徽州民居　　97
　　　　3. 江南水乡民居　　98

4．江南私家园林　　　　　　　　　　　　100
　　5．福建客家土楼　　　　　　　　　　　　101
三、符号拼贴　　　　　　　　　　　　　　　102
　　1．消费社会　　　　　　　　　　　　　　103
　　2．后现代主义：向拉斯维加斯学习　　　　104
　　3．图像地域主义　　　　　　　　　　　　105
　　4．拼贴是要素与对象的叠加　　　　　　　110
四、符号拆解　　　　　　　　　　　　　　　111
　　1．建筑类型学　　　　　　　　　　　　　111
　　2．要素的拆解　　　　　　　　　　　　　115
　　3．从原型到范型的过程　　　　　　　　　125
五、符号结构化　　　　　　　　　　　　　　126
　　1．没有建筑师的建筑　　　　　　　　　　127
　　2．结构主义的思考方法　　　　　　　　　128
　　3．对形式逻辑的关注　　　　　　　　　　129
　　4．要素的结构化　　　　　　　　　　　　131
　　5．形式"自由"的地域主义　　　　　　　　145
六、符号更新　　　　　　　　　　　　　　　146
　　1．有关住宅的人类学研究　　　　　　　　146
　　2．符号的更新　　　　　　　　　　　　　148
七、消失的符号　　　　　　　　　　　　　　150
　　1．共有的特征要素　　　　　　　　　　　150
　　2．符号的消隐　　　　　　　　　　　　　163

第五章　中国居住的样子　　　　　　　　　　169
一、从原型到类型　　　　　　　　　　　　　170
二、符号的迎合、回避与暧昧　　　　　　　　171

参考文献　　　　　　　　　　　　　　　　　　173
附录A　当代中国有关建筑地域主义的讨论　　　185
附录B　本文涉及的主要案例　　　　　　　　　187
附录C　历史事件年表　　　　　　　　　　　　200

第一章

世界的还是中国的？

一、全球化、地域性、住宅、符号

当今世界已经大规模进入全球化时代，各种信息的交流异常迅速与准确。交通方式的变革令地区间的旅行时间大大缩减，而科技进步带来的高效率沟通则全面地弥合了地区差异，这在经济发达的大城市表现得尤为明显。随着城市化进程的不断加快，原本受地理位置影响而区别相对明显的广大农村地区也在逐渐加入这个同化过程之中。

住宅是城市建设中分量极重的一笔，在逐渐解决居住问题中的数量需求之后，通过住宅设计来传达地域传统的特征，成为当今建筑创作中的重要部分。中国传统建筑文化孕育了丰富多样的民居形式，这些民居曾经构成了天南海北各不相同的城市形态。然而在全球化与城市化的今天，它们被挤到了边缘，城市住宅的大量性建设造成严重同质化，因而愈发难以为生活其中的人们带来"家园"的感受；另外，市场经济时代消费主义盛行，城市中充斥着相似的产品与图形符号。面对这样的环境与问题，一部分中国建筑师选择了"建筑地域主义"这个切入点，试图解决当代中国有关地域差异、身份认同、家园回归的问题。他们不自觉地受到外部文化与社会环境的影响，会把符号纳入解决这些问题的过程中来。

建筑地域主义理论与当代中国的住宅地域创作，被符号这根"红线"连在一起，呈现出特定的表达。建筑地域主义是一种思想、策略、手法、态度。很多建筑师在住宅建筑实践中，以符号为媒介，运用地域主义的手法，表达地域主义的思想。

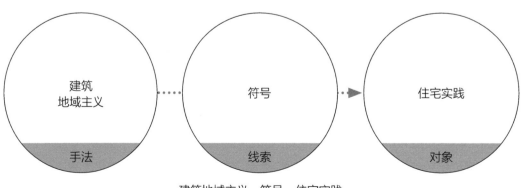

建筑地域主义·符号·住宅实践

二、建筑地域主义：一种文化策略

对于每一个生活在当代社会的人来说，"全球化"早已不是一个陌生的词。随着国际贸易的开展，互联网的普及，以及交通工具的不断升级，人类的生产生活在经济、政治、文化等多个方面都呈现出"世界性""同一性"。保罗·利科（Paul Riceur）在《历史与真理》中是这样描述"全球化"现象的："在世界上显示出一种具有普遍性的生活，这种生活通过住房和服装（同样的西装流行于全世界）不可避免地以统一样式表现了出来，这种现象是因为生活方式本身源于技术而变得合理。技术不仅是生产技术，而且也是交通、关系、福利、休闲、信息等技术，是人们能谈论基础文化的技术，更确切地说，是消费文化的技术，也是一种世界性的消费文化，它发展了世界性的生活方式。"

利科将全球化解读为一种通过技术而实现的普遍性生活方式，他一方面肯定这种世界文明给人类带来的福祉，另一方面也对其给传统文化所造成的破坏感到深深的忧虑。当全世界的人们都坐在同样的沙发里、喝着同样的饮料、看着同样的剧集，当上海、纽约、东京等大城市都呈现出相似的楼如密林、夜如白昼，当中国从小镇到大都市都密布着同样装饰线脚的高层公寓，现下的这种全球化，使得不止利科一人感到担忧。

肯尼斯·弗兰姆普敦（Kenneth Frampton）曾在2015年的采访文章《走向独特的城市主义》（*Towards a Distinctive Urbanism*）中，表达对全球化时代城市形态的关注，指出文化的力量促使城市超越国家的边界，愈加世界化，因此寻

纽约时代广场

东京街景

上海南京东路

找其特殊性就变得更为重要；他对亚洲城市尤其关注，提出许多亚洲大城市的形态缺乏历史依据这一问题。建筑与城市形态的趋同，不仅表现在类似的密度与高度，也表现在一致的"标新立异"态度上，众多城市都以形象奇特的地标性摩天楼为傲，疏于考虑其与周边城市环境的关系。无论是已经落成的北京央视大楼、迪拜帆船酒店，还是仅仅参与纽约世贸中心比选竞争的方案，非常突出的形式特征是这些设计难以回避的共同点。而设计了北京央视大楼的大都会事务所（OMA）却在2008年的"迪拜复兴"（Dubai Renaissance）竞赛中，提出了"反图像"概念，明确反对过分夸张的城市建筑形态，意在终结一种许多当代大城市共有的图像与符号崇拜。

在建筑学领域，全球化与地域性的问题，就是一个世界文化与地方文化相互角力的过程。而所谓的"当代世界建筑文化"，更多则是一种西方世界的垄断性话语。在中国，无论是实践领域还是理论领域，西方建筑文化的强势地位都是十分明显的。一方面，"在相当多的项目中，境外建筑师成为主角，中国建筑师甚至连参加设计竞赛的机会都被排除"（郑时龄，2014）；另一方面，"伴随着实践的盲目高歌猛进，中国建筑师和理论家在实践急速发展的同时，表现出历史性记述的缺失和中国自己理论话语的失声"（李翔宁，2014）。

这种双向的冲击给中国建筑师与建筑研究者带来的焦虑是可想而知的，因此，呼吁"乡土""民族""传统"的声音纷至沓来，并被一些人笼统称为"地域主义"，且将"全球化"视为其最大的敌人。然而首先全球化并不是"地域主义"的对立面，而是一个环境，一面背景，甚至地域主义本身就是全球化的一部分。"无论怎样理解全球化，都不能将之简化为同一文化模式和目标的一体化，而应当相对地将其与全球现代经济、文化的内在关联和整体进行互动"（徐千里，2004）。在这个全球不同文化互动发展的过程中，首先，"地域主义"更像是一种在全球化背景下演变和进化的观念，而不是一个对抗全球化的工具。其次，"地域主义"与"传统""乡土""民族"等概念没有等同性，在全球化背景下，城市与建筑的特征属性，早已不为国家、民族等因素所限，因此，"地域主义"作为一项当代策略，其承担的责任也远不是"寻找失落的过去"所能概括的。

尽管全球化给我们带来很多困扰，但不可否认的是，全球化所基于的技术进步，生产的并不仅仅是流水线产品，很大程度上也促进了世界建筑的多元发展。刘先觉、葛明在全国第五次建筑与文化学术讨论会上，探讨当代世界建筑的文化走向这一问题时，就做出过"技术更新、形式多样"的评价，认为技术发展打破了传统的建筑布局方式与构图规律，为多样化提供了条件（刘先觉，葛明，1998）。时代见证了高技派对现代工业美学毫无掩饰的崇拜，低能耗建筑对自然资源的充分利用，以及传统表达方式难以描摹的数字化设计手法；技术突破辅助建筑师们不断打破审美的边界与壁垒，生产出千变万化的建筑形式。

需要认识到，仅凭技术能够促成的多元始终是有限的，因为建筑自茅舍棚屋发展到当代，早已不是最初阶段的"遮蔽物"，而是人类文化艺术领域的重要分支，其所在地的文化要素，才是体现差异性与特殊性，推动多元发展的根本动力。早在1969年，阿摩斯·拉卜普特（Amos Rapoport）在《宅形与文化》（House Form and Culture）中，就提出社会文化是影响宅形的主要因素，并将气候、建造、材料、技术等视为修正因素。但他并非"文化决定论"者，在强调社会文化因素相较于物质因素是更重要的作用时，也阐明了宅形不是单一因素决定的，而是一系列因素共同作用的结果这一观点。

无论在西方建筑理论界还是中国建筑理论界，讨论到建筑地域主义的问题时，往往免不了谈及它在学科中所扮演的角色。20世纪30、40年代，刘易斯·芒福德（Lewis Mumford）把旧金山湾区木头小住宅中表现出的地域意识看作是抵抗国际式侵袭美国土壤的武器，"批判的地域主义"理论提出者亚历山大·佐尼斯（Alexander Tzonis）与利亚纳·勒费夫尔（Liane Lefaivre）认为地域主义是建筑师全球化策略的一部分。中国建筑界同样对地域主义的职责问题十分关心，有以李晓东为代表的，认为地域主义重视现在与未来，与全球化息息相关；也有以单军为代表的，认为本土设计是地区文化对全球化的反击。

对于今天的中国来说，建筑地域主义在整个文化版图中究竟起什么作用？它是否像当年芒福德所提倡的"湾区风格"那样，尽管身在边缘，仍然要奋起反抗来自中心的侵袭？或者它能如批判的地域主义者所描述的那样承担起调和普世文明与地方文化的重任？又或者像建筑师李晓东说的那样，批判的地域主义不适用于中国，我们应当以自省的态度令地域主义融合本土与全球？这些都是本文在之后的论述中需要回答的问题。

三、当代中国住宅创作的境况

关于当代中国住宅，李振宇、常琦、董怡嘉曾经在文章《从住宅效率到城市效益 当代中国住宅建筑的类型学特征与转型趋势》（2016）中，概括过四个方面的典型特征：一是商品住宅"一统天下"；二是城市设计上以高层低密、行列式排布、大尺度封闭小区为主；三是住宅平面以单元式套型为主流，建筑形式有重商主义的特点；四是建造技术重视低门槛和规模效应，钢筋混凝土剪力墙体系与现场建造形成鲜明特色。

空间与形式上精心的雷同，与由于重商而造成的"招徕式"设计，既是当代住宅的特征，也是它们饱受诟病的问题。尽管有学者为大量的"中国城市'千城一面'"的批评叫屈，认为这更多是一种视觉与想象，但他们也同样承认中国住宅小区的布局高度相似是造成此类批评的根源之一（李翔宁，张子岳，2018）。

与住宅建设在实际情境中受到的多方面束缚形成对照的，是当代中国建筑实践在焦虑语境中的"寻根"倾向与"定位"愿望（周榕，2006），以及随着时间的推移，世界范围内对中国建筑实践越来越浓厚的兴趣（李翔宁，莫万莉，2018）。中国的建筑师们既通过在地域传统中寻找设计灵感与素材的方式来获得历史合法性，以避开因缺乏时代合法性而造成的尴尬，又通过对传统—现代、以及暗含的中—西框架来获得外界的兴趣与支持。住宅建筑作为这整体语境中的一部分，尽管身受多重因素制约，也难免需要加入这场有关传统与现代、地区与全球的对话中。而建筑师、使用者、旁观者、评论者都在这场对话中，扮演重要的角色。

四、有关地域主义的讨论

当代西方建筑地域主义研究有几类主要基本观点：一是批判的地域主义，二是它的对立观点，三是融合或者中立观点。批判的地域主义对中国当代理论与实践均有重大影响，因此相关讨论将在第二章有更详细的阐述。

当代西方建筑地域主义的主要观点

当代西方有关建筑地域主义的理论中，影响力最大的是佐尼斯与勒费夫尔在20世纪80年代提出的"批判的地域主义"理论。这一理论经过美国学者弗兰姆普敦建立在"建构"文化研究基础上的拓展，为许多建筑师与理论家所熟知。

概括来说，批判的地域主义理论有两个主要观点：一是佐尼斯与勒费夫尔提出的"陌生化"策略，他们反对浪漫与图像的地域主义，并把批判的地域主义看作全球化的一部分，但他们认为地域主义不是具体的设计原则，而是某个地区的集体表征；二是弗兰姆普敦提出的"抵抗"与"建构"，他同样认为批判的地域主义是调和全球文明与地方特殊性的策略，而涉及具体的设计方法他强调场所与触觉的重要性。二者的共同点除了希望调和普世文明与地方文化，还有建立表现地域文化本质的范式。

批判的地域主义理论自身并非固若金汤，历史学家柯尔孔（Alan Colquhoun）与美国学者埃格那（Keith L. Eggener），从寻求本质的可靠性与建立范式的矛盾性的两个角度，质疑了批判地域主义这一理论的合理性。柯尔孔认为，从历史角度看，批判的地域主义与早期浪漫主义等内容区别不大，其试图寻求本质的思路过于简化和理想化，因为提取地域碎片组成的建筑既不具备抵抗外来文化入侵的能力，也表达不了本质；批判的地域主义为了追求差异性所依赖的个人或者国家，本身也是现代工业社会的产物。而埃格那认为批判的地域主义其实同情并依靠现代主义，但用一个建筑师去代表一个地区更是荒谬的，批判的地域主义将普遍性与特殊性集于一身，这很自相矛盾。

以柯蒂斯（William J. R. Curtis）为代表的一些理论学者，用相对温和的态度看待建筑地域主义问题，他采用的措辞是"真正的地域主义"（Authentic Regionalism）。在他看来，地域主义核心价值在于创造一种无时间性的品质，同时达成融合：融合过去与现在，本土与外来。

如果查阅2000年以来国内重要建筑期刊以"地域主义"为主题的百余篇文章，能够观察到其中论述的主要内容，大致可分为三个象限：一是赞同在中国的实践中采用建筑地域主义策略，二是质疑建筑地域主义存在的合理性，三是态度中立的理论性总结与梳理。

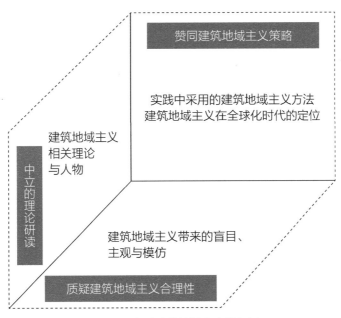

当代中国有关建筑地域主义的探讨

不同于西方指向性明确的彼此辩驳，中国建筑学者以更发散的目光看待这个问题，观点的呈现更为分散,但同时也更充分地考虑了中国实践的复杂背景及其多元性、丰富性。

1. 赞同在中国的实践中采用建筑地域主义的策略

在中国的建筑实践中采用建筑地域主义的设计策略,在21世纪的第一个十年曾得到过非常广泛的支持。郑时龄在总结当代中国建筑的六个重要倾向时,把"批判性地域建筑"看作是其中一个方面,认为"寻求中国建筑文化的固有特性一直是中国建筑的重要倾向",他倡导传统与现代的整合,以推进批判的地域主义(郑时龄,2014)。

(1)实践中采用的建筑地域主义方法

实践中所采用的具体方法在一些学者的论文中都做出过总结。比如精英文化与民间文化的混合、尊重民间建造工艺与技术、借鉴和抽象传统乡土建筑原型、关注平民建筑和普通建筑、重视场所与形式的关系、材料的当地性、关注建构等(彭怒,支文军,2002)。对待乡土与本地,20世纪50—70年代的中国建筑师曾经摒弃复古和历史主义,用故事讲述消解意识形态叙述(茹雷,2012),而当代建筑师通过对传统民居中某些经过提炼的要素在当代住宅设计中再现,来实现传统向当代的转换,在一些学者看来是有乐观前景的(关瑞明,聂兰生,2003)。

对于活跃在实践一线的建筑师来说,坚持现代主义框架下的地域主义设计,是他们的一种选择。柳亦春、陈屹峰和张轲在与赵扬的一次对谈中,均表达了以现代主义为核心基础,叠加地域修辞的实践倾向(赵扬,柳亦春,陈屹峰,张轲,2013)。

在讨论采用建筑地域主义策略推进当代设计的时候,不少学者认同对本土材料的重新运用。支文军、朱金良总结新乡土建筑的当代策略时,就将传统材料演绎新形式放入其中(支文军,朱金良,2006)。通过案例解析,一些具体的操作方法被总结出来:朱涛工作室做四川华存希望小学时采用页岩砖和拼凑建筑构件(朱亦民,2005),董豫赣的清水会所、王澍的象山校区、标准营造的青城山石头院、马清运的父亲住宅、刘克成的贾平凹文学艺术馆等作品中采用传统材料砖木石瓦(袁烽,林磊,2008),王大闳自宅采用台湾民居的清水红砖,张肇康协助贝聿铭设计台湾东海校园使用当地鹅卵石与瓦等材料(王维仁,2012)。使用本土材料进行当代表述,目前在中国的建筑地域主义实践中还是以彰显的方式为主(李振宇,李垣,2014)。

李昊、刘宏志、周志菲在《材料在集群建筑设计中的地域性表达》(2013)一文中,对材料有专门的分析,总结了9类材料的物质性操作及其对应的非物质表达,论述中涉及多个实验性建筑案例,包括长城脚下公社的公共俱乐部、竹屋、土宅、红房子、飞机场、手提箱，安仁建川博物馆聚落中的川军纪念馆等。

（2）建筑地域主义在全球化时代的定位

关于地域主义与全球化的关系问题，一部分人认为当代的建筑地域主义跟全球化应当是兼容共存的。尽管全球化是一个必然过程，但全球化之后走向本土化又是另一个必然过程。本土化是一种自省的地域性，它跟全球化息息相关，需要全球化所普及的知识作为支撑（李晓东，2017）。全球化与地域性只是事物的一体两面（张鹏举，2011），二者并不对立。地域性应当主动融入全球化进程，对于外来的事物我们应当既有包容的态度，又有批判的精神（徐千里，2004，2007）。新时代的地域主义建筑更应兼容全球与地方（赵琳，张朝晖，2000），作为地域性与全球化两极之间的连接（马敏，2014）。

另一种相对的观点则认为地域主义与全球化是二元对立的。全球化被看作西方文化霸权在全球范围内的殖民，而地域主义就是反对这种全球化的主张（刘晓平，2011）。通过对全球化的抵抗或者利用，地区性试图解决人们距离渐远、被单一价值取向所束缚的问题（夏荻，2009），这种对立，与西方理论中的批判的地域主义所强调的调和责任，是正好相反的（陆激，2016）。建筑都有特殊的诚意，不存在全球化的建筑，想要保有自身文化的特殊性，就需要本土设计这样一种文化策略（单军，2010）。对于中国建筑师而言，当代青年建筑师多有国际教育背景，因此会主动思考"中国性"的问题，会去在全球化与地方性的二元对立中选择一个立场（李翔宁，2011）。

2. 质疑建筑地域主义合理性

自从20世纪80年代批判的地域主义提出之后，建筑地域主义的观点于20世纪90年代以及21世纪的第一个十年在西方世界以及中国都得到了广泛的关注与讨论。但与此同时，一些学者对于这一理论所提倡的方法在中国实践的适应性，有不同的意见。首先是当代影响力最大的批判的地域主义在中国运用的问题。中国的传统建筑处在以符号体系为主导的文化语境中，当中国建筑师依从批判的地域主义的理论框架，坚持追求西方现代建筑形式以及挖掘材料的根源或本质，试图弥合中西方的差异时，就注定会遇到极大的困难（黄晔，戚广平，2008）。然而当代中国建筑界对建筑地域主义仍然有一种盲目甚至错误的追求，全球化时代中的地域文化是不稳定的，我们更应该关注的是"当代"而不是消失的历史模式或文化元素（李翔宁，2005）。地域主义建筑思想试图把建筑文化限定在特定的地域形式里发展，却陷入了继承与创新的矛盾中（刘晓平，2009）。

另外，如果不谈在中国的运用，仅就建筑地域主义这个话题本身而言，刻意去强调和讨论在一些学者看来也是无意义的。因为地域主义是无法刻意制造的，一个人不可能有意识地创造地方建筑学。乡土的可贵之处在于它生于自然、长于无心，人无法通过有意识的模仿去靠近它，甚至还可能越来越远离（金秋野，2015）。建筑的地域性是自然产生的，甚至对传统符号的运用在一些建筑师看来也是批判地继承（罗劲，2010）。当下的语境中，我们给地域主义增添了不必要的重任，但它无法解决全局的问题（陆激，2016）。

在如今的社会背景下，批判的地域主义本身存在的悖论令其无法反映地方"真实"（李婷婷，2011）。批判可能沦为文化消费的符号，批判的形式因此而不再具有批判的意义。她提出自反性地域主义，承认美学上的符号建构和反思意义都是暂时的，因此必须不断地反思调节自身视角。它不会断然批判任何符号，而是在一定的地域语境中阐释这些符号存在的意义；符号的保留和建构都没有固定的能指意义，自反性地域主义不关注符号本身，而是将地域看作一个生态平衡体，关注符号背后一定地域环境中社会共同体和社会化网络的利益权衡和不断对话的过程，在符号、空间和社会共同体的社会化网络之间建立联系（李婷婷，2000）。

3. 中立的理论研读

20世纪90年代批判的地域主义在西方引起讨论的热潮之后，国内不少学者都对这个概念进行了解读。其中包括回顾批判的地域主义理论源流、有重点地分析重要人物、分析批判的地域主义在实践中运用的可能性。

沈克宁关于这个问题的论述最为全面，他将批判的地域主义看成建立在抵抗全球化基础上的理论，并且乐观地认为其"具有永恒的生命力"（沈克宁，2004）。批判的地域主义思想被佐尼斯提出，弗兰姆普敦对其进行了深化，罗西、波菲尔、槙文彦、黑川纪章、阿尔托、博塔等多个建筑师的作品中都蕴含批判地域主义思想（谢吾同，马丹，2000）。此外，柯尔孔与埃格那对批判的地域主义理论的批判性观点也得到了梳理和回顾（王颖，卢永毅，2007）。

在理论回顾中，弗兰姆普敦"抵抗"的观点（汪丽君，2008）（朱亦民，2013）、芒福德对批判的地域主义的思考开端（王楠，2006）（吴志宏，2008），都得到了不同学者很细致的阅读与解释。

汪丽君在《当代西方建筑类型学的架构解析》（2005）以及她之后的博士论文中，均提及"新地域主义"这一概念，她认为当代西方建筑类型学的架构主要由两大部分组成：从历史中寻找原型的新理性主义建筑类型学，从地区中寻找原型的新地域主义建筑类型学。其中，新地域主义指建筑上吸收本地的或民俗的风格，在现代建筑中体现出地方的特定风格。它来源于传统的地方主义，是建筑中的一种方言。尽管形式上部分吸收传统的动机，但功能与构造都遵循现代的标准和要求。新地域主义是对现代主义极端性进行反思的重要思潮之一，有一种执着于地域特性的寻根倾向，它必须获得某种原型的支持，这个原型可以是形式、文化、气候、场地等，只要具有本地的独特个性就可以，因此它的风格多样又易于识别。

第二章

去符号：建筑地域主义的理论态度

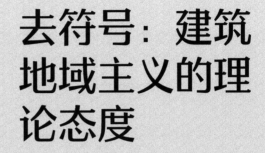

在西方世界，"地域性"是一个古老的话题，向上可以追溯到古罗马时期维特鲁威将"地域性"概念引入建筑并讨论其政治含义。而在中国，建筑理论则是一个全新的体系，尽管古代工匠为我们留下了丰富的古典建筑作品以及相关的文字记载，但在引入西方理论之前，"地域主义"或者"地域性"这样的词语，并不存在于中国的文化认知范畴中。当以梁思成为代表的中国第一代建筑师，把西方的建筑思想引入之时，我们的理论认识才开始形成。当代中国的建筑地域主义理论深受西方影响，其态度也显示出追随西方的倾向。这种理论上的倾向，对住宅建筑的地域主义实践有指向性的作用。

在西方当代的建筑地域主义理论中，批判的地域主义是影响力最大的，其提出者佐尼斯与勒费夫尔以及理论中坚弗兰姆普敦，分别以"陌生化"与"建构"的策略阐释这一理论。西方对中国的影响，一定程度上造成了中国建筑界在建筑地域主义问题上呈现出一种去符号的理论态度。

当代建筑地域主义理论在西方和中国的不同表现

一、千变万化的"建筑地域主义"

1. 内容的多样性

美国学者康尼查罗（Vincent B. Canizaro）在其编纂的《建筑地域主义：场所、身份、现代与传统文集》（*Architectural Regionalism: Collected Writings on Place, Identity, Modernity, and Tradition*）一书的序言中，曾经这样解释地域主义的内涵：地域主义是

一个多样化的概念、策略、工具、技巧、态度、意识形态，或思考习惯（Regionalism is variously a concept, strategy, tool, technique, attitude, ideology, or habit of thought.）。正如他所说，建筑地域主义是一个具有多样性特征的概念。这种特征一方面由"地域"本身的不确定性决定，另一方面，即便在相对漫长和完善的西方建筑理论史上，对它的定义也始终没能明确。

地域主义从来就不是一个单一的、固化的认知。首先，"地域主义"中的"地域"这个概念，本身就不是一成不变的。尽管我们现在常用的地域划分方式是行政区划，但除此之外，依据文化边界、地理特征来划定区域边界，也是可行的。芒福德在1931年"美国地区规划协会"（Regional Planning Association of America，简称RPAA）的圆桌会议讨论中，曾质疑过以行政方式划分区域的合理性，他认为不可将政治主题凌驾于自然事实之上，人类区域的出现其实远远早于政体国家。美国记者、学者加罗（Joel Garreau）也在《北美九国》（*The Nine Nations of North America*）中，质疑传统的国家与地区划分方式，提出依据多种原则将北美划分为9个区域：新英格兰（New England）、北部工业国（The Foundry）、魁北克（Quebec）、南部邦联（Dixie）、加勒比海群岛（The Islands）、墨亚美利加（Mex America）、生态乌托邦（Ecotopia）、北美无人区（The Empty Quarter）和北美粮仓（The Breadbasket）。他的划分除了少量与目前北美的行政区划相符之外，多由山川、河流、沙漠等地形特征区分，或是以建筑、音乐、语言、生活方式等作为依据。

由于地域划分的标准繁多，因而"地域主义"也会有多种解释，它既是有关文化价值与自然环境的概念，又是有关生产技术与本土工艺的工具；既是建筑对环境与人的态度，又是群体对传统与现代的策略。在地域主义是什么以及应当如何看待地域主义这个问题上，不同的学者之间观点往往大相径庭，基于地域主义概念多样性的特征，他们的解释在不同的语境下具有不同的含义，无分对错。

2. 历史上有关建筑地域主义的多种语境

在西方，建筑地域主义自18世纪末开始成为建筑批评领域的重要方向，关于它的讨论一直延续至今，其视角与身份始终百家争鸣、未有定论。大部分研究者选择将其置入一组矛盾关系的认知中去展开。如20世纪初先锋派兴盛时，理性主义与浪漫主义的矛盾；现代主义运动时期，国际式与地方性的矛盾；20世纪60年代以后，现代主义、后现代主义与批判的地域主义的矛盾；当代全球化背景下，商业社会、原功能主义与地域主义的矛盾。

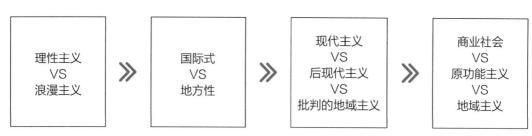

历史上建筑地域主义身处的几组矛盾

（1）理性主义VS浪漫主义

弗兰姆普敦在他的文章《走向批判的地域主义：抵抗的建筑六点》（*Towards a Critical Regionalism: Six Points for an Architecture of Resistance*）中谈论先锋派的兴衰时写道：

在过去的一个半世纪里，先锋派文化承担着不同的角色，有时是加速现代化进程，因而扮演的是进步的解放性的角色，有时又恶毒地反对资产阶级文化的实证主义特征。（Over the past century-and-a-half avant-garde culture has assumed different roles, at times facilitating the process of modernization and thereby acting, in part, as a progressive, liberative form, at times being virulently opposed to the positivism of bourgeois culture.）

20世纪初，身负重任的先锋派始终被两股力量撕扯着，一头是自启蒙运动继承的理性力量，另一头则是浪漫主义的传统。这种对抗自19世纪中叶，历史先锋派同时抵抗工业化进程与新古典主义形式时，就已经存在。第一次世界大战之后，*Retour à l'ordre*[①]正是试图在现代理性与古典浪漫之间寻求平衡。20世纪20年代，随着纯粹主义、风格派、构成主义、新即物主义等运动的短暂辉煌，理性的力量似乎占据了上风。然而实际情况要更加复杂。随着第二次世界大战的阴云遍布全球，科技、工业与机械的力量空前崛起，现代主义迅速投入战后的实用性建设，制造了理性主义无法抗衡的通用形式。

（2）国际式VS地方性

1932年，当时美国最重要的建筑评论家之一芒福德应纽约现代艺术博物馆（MoMA）之邀，与菲利普·约翰逊（Philip Johnson）、亨利·罗素·希区柯克（Henry-Russel Hitchcock）一起，举办了"现代建筑：国际展览"（Modern Architecture: International Exhibition）。在展览册子的前言中，MoMA主席巴尔（Alfred H. Barr）提

---

① 法语词，中文意思"回归秩序"，两次世界大战期间在欧洲兴起的艺术运动，意在重述古典秩序。

出了"国际式"的概念:"由于这种风格在几个国家同时发展,且遍布世界,因此被称为'国际式'。"(Because of its simultaneously development in several different countries and because of its worldwide distribution it has been called the International Style.)(巴尔,1932)此后,倡导国际式的讨论和展览有增无减①。然而,最初参与MoMA展览的组织者芒福德却一直在思考"地方性"这一命题。早在1923年RPAA成立时,芒福德就以学者身份参与其中;他在1934年的著作《技术与文明》(*Technics and Civilization*)中,就讨论了人造环境与地域主义的问题;1947年发表在《纽约客》(*New Yorker*)上的"天际线"专栏文章,更直接指明了国际式与功能主义的片面性。伴随着经济大萧条的影响,以及弗兰克·劳埃德·赖特(Frank Lloyd Wright)、阿尔瓦·阿尔托(Alvar Aalto)等地域主义建筑大师的崛起,"地方性"受到的关注逐渐超越了"国际式"。然而,二者之争并没分出胜负,也从未止歇。

(3)现代主义VS后现代主义VS批判的地域主义

后现代主义的出现,一定程度上暗示了现代主义的英雄岁月已近末路。后现代主义建筑理论的代表人物罗伯特·文丘里(Robert Venturi)在他的代表作《建筑的复杂性与矛盾性》中,明确表达了对过分简化、单调乏味的建筑的反对:Less is a bore.(少就是无趣,文丘里,1966)然而在批判现代主义的同时,后现代主义也不可避免地出现回归传统,或是拥抱现代技术的装饰化、符号化趋势。在现代主义式微、后现代主义后继乏力的情况下,"批判的地域主义"作为第三种选择登上历史舞台。无论是"批判的地域主义"提出者亚历山大·佐尼斯与利亚纳·勒费夫尔,还是将其发扬光大的弗兰姆普敦,以及对这个理论或质疑或支持的阿兰·柯尔孔、埃格那、理查德·英格索尔(Richard Ingersoll)等学者,出发点尽管各不相同,都或明或暗地反对装饰化、符号化的表达方式,强调建筑的真实性与在地性。

(4)商业社会VS原功能主义VS地域主义

"批判的地域主义",自20世纪80年代被提出,时至今日都是建筑学科研究领域的重要话题。郑时龄在总结当代中国建筑的6个主要倾向时,就将"批判性地域建筑"作为其中一项:"长期以来,中国文化与西方文化的交织与融合已经成为中国城市空间和建筑的重要特征,寻求中国建筑文化的固有特性一直是中国建筑的重要倾向。"(郑时

---

① "现代建筑:国际展览"举行的同时,希区柯克与约翰逊出版了一本名为《国际式》(*The International Style*)的书;约翰逊离开后,巴尔的学生欧内斯廷·范特尔接替他的职位,继续倡导国际式,组织了多本书的编写与多个相关展览,如Town of Tomorrow, What is Modern Architecture;与此同时,希区柯克也组织了两个"国际式"主题展览,一个是针对芒福德所推崇的亨利·霍布森·理查森H. H. Richardson的建筑,另一个是1937年的Modern Architecture in England(现代英国建筑)。

龄，2014）在全球化的今天，地域主义所要对抗的，并不是"全球化"现象本身，而是全球化带来的风格趋同，强调效率导致的原功能主义倾向，以及商业社会的"形式追随利润"。以中国当代住宅建筑为例，20世纪90年代以后，无论是盛极一时的"欧陆风"商品住宅，还是统一规划建造的保障性住宅，都呈现出一种利益最大化、功能最大化，但与城市、社会环境割裂的状态。而地域主义所追求的，正是建筑对自然、社会、城市、历史、文化等诸多方面的综合与解释。

二、传统、乡土、民族、地域

1. 传统建筑

中国传统建筑，依据所处地区的不同，各有独特的结构体系与平面布局。梁思成在《中国建筑的特征》中，归纳了中国传统建筑的9个要点：1）台基、房屋、屋顶三段式；2）平面布局中轴对称，环绕南向主空间；3）木结构体系；4）斗栱；5）举折、举架；6）屋顶（最主要特征之一）；7）朱红主色；8）结构交接件起装饰作用；9）琉璃、油漆、木雕、砖雕组成的装饰体系。

这9个特征，描绘了中国古代官式建筑基本样貌，既是20世纪50年代初倡导民族形式的典型学习样本，也在现当代中国倡导"地域主义"的潮流中，被百般援引借用，以期达到"中国风"的效果。其中最常用的手法，就是给建筑盖上"最主要特征之一"的大屋顶。尽管"大屋顶"代表中国传统建筑形式这一观点被广泛接受，甚至弗兰姆普敦在评论伍重的巴格斯韦德教堂时，也提到中国式大屋顶体现了东方语境（弗兰姆普敦，2007），但这种形式的存在并能被历代匠人们所坚守，是因为其符合一定的文法与规则，而不是为追求"古典"感觉而进行的形式模拟。当中国的社会与文化环境发生变化之后，传统建筑形式更大的价值在于对历史的记录，而不在于成为抒情式乡愁的复刻模板。

2. 乡土建筑

除了匠人们精雕细刻的官式建筑，中国的乡野间还存在着大批"没有建筑师的建筑"，这些乡土建筑所呈现的民居形式，是数千年民间智慧的集合。北方的四合院，东部的天井小院、江南园林，中西部的徽州民居、窑洞，南方的土楼、吊脚楼，这些形态

第二章 去符号：建筑地域主义的理论态度 | 19

乡土建筑：福建清水东发堂，一处以院落和池塘为依托的家庭居所，建筑实体围合院落，前方池塘既有风水意义也有实用价值。

各异的民间建筑形式，跟当地的气候、环境、材料供应、文化氛围、社会条件等因素息息相关。如四合院是整个家庭社会地位与本身结构的体现，江南园林的叠石造水是传统文人的格调，徽州民居的封火山墙顾名思义是为了防止火势蔓延，土楼的厚夯土墙是为了防御敌人。

3. 民族建筑

在新中国刚刚成立的20世纪50年代初期，中央政府曾经提出过"民族的形式，社会主义的内容"建筑设计指导原则。这个时期的很多重要建筑中，都透露出民族文化复兴的坚定信念。地安门宿舍建于20世纪50年代初，由建筑师陈登鳌设计。这两座军属大院

民族形式：北京地安门宿舍，覆盖大屋顶、装饰细部均为传统中式的现代建筑。

分列地安门大街两侧，高耸的现代式塔楼上，都盖着具有传统意味的四角攒尖屋顶，以取得与周围环境的协调。

给建筑加上大屋顶的民族复兴式做法，在20世纪50年代中期曾遭遇批评和反思。然而到了20世纪80、90年代，"夺回古都风貌"的口号又令北京西站的楼顶重新立起了几个重檐攒尖顶的亭子；在21世纪的今天，很多中小城市还会建设类似的仿古建筑。我们似乎可以认识到，"民族形式"的影响其实一直都在。

4. 建筑地域主义

（1）建筑地域主义的相关解释

真正的地域主义反对一切陈腐的、无价值的文化，无论它们发轫于国际经济秩序，还是国家宣传，或者是最近其他类似的陈词滥调。（Authentic regionalism stands out against all hackneyed and devalued versions of culture whether these stem from the international economic order, from nationalist propaganda or, more recently……）——威廉·J. R. 柯蒂斯（William J. R. Curtis，1986）

关于"地域主义"，不同学者给出的解释不尽相同。柯蒂斯重视持久的价值与外界因素的影响（lasting worth & exterior influences），勒费夫尔与佐尼斯强调"陌生化"（defamiliarization），弗兰姆普敦倾向于文化的抵抗与诗意的建构（resistance & tectonic）……但大部分学者都有这样的观点：反对沙文主义、陈词滥调、熟悉化，其中就包括简单粗暴地恢复传统、民族、乡土的建筑形式。地域主义不是概括既有的，而是创造未来的。

前文已经提过，建筑地域主义经常被放在一组二元对立的关系中进行解释，大部分学者在探讨这个问题时多从"什么不是地域主义"出发，反向论证。跟芒福德一样倡导"湾区风格"的美国建筑师哈里斯（Harwell Hamilton Harris）认为地域主义的出发点不是气候、地理、本土材料，而是思想状态（a state of mind）；建筑理论家柯尔孔反对地域主义建筑师热爱寻找的"本质模型"，认为其并不存在；即便是属于温和派的柯蒂斯，在讨论他所认同的"真正的地域主义"时，也给出了陈腐的、无价值的文化这样一个相对宽泛的对立面。查阅欧美20世纪讨论建筑地域主义的重要文章，不难总结出学者们心目中对"真正的"地域主义不认同的内容，这些不认同可以大致分为代表"天下大同"的国际式阵营与代表"本土式抒情"的乡愁与模仿。

建筑地域主义者不认同的内容

天下大同	本土式抒情
极权主义 Totalitarianism	保留模糊的方言 Preserve an obscure dialect
国际主义 Internationalism	乡土形式 Vernacular form
国际式 International style	国家主义 Nationalism
现代主义 Modernism	浪漫乡愁 Romantic nostalgia
后现代主义 Post-modernism	折中主义 Eclecticism
全球化 Globalization	复制过去 Copy the past
商品化 Commodification	多愁善感的地方主义 Sentimental provincialism
工业化 Industrialization	情绪的图景 Sentimental scenography
普遍性 Universality	破裂的元素 Detached elements
均匀性 Uniformity	文化孤立主义 Cultural isolationism
消费社会 Consumer Society	文化保护主义 Cultural protectionism

（2）建筑地域主义与传统、民族、乡土建筑的对比解释

建筑设计是一项技术活动，更是一项文化活动。文化的边界受到地理、民族、国家等因素的影响，但并非为某个单一因素所决定。同样，建筑的地域主义所要表达的，并不是传统的、民族的、乡土的，这类指向性很强的单一的特征；与之相反，建筑地域主义会避免一些过于直白明确的复刻，试图将当地的气候、地理、社会、文化、技术、人类活动等多个方面彼此融合。基于前文关于四个概念的阅读，本文通过对比来解释建筑地域主义的内涵。

四个概念的对比解释

建筑地域主义 Architectural Regionalism	传统 Tradition	民族 Nation	乡土 Vernacular
反映地域传统特征的设计态度，它**是当代的、介入的、属于人群的**	因文法与规则的适应性而不断传承的建筑形式	政治边界、意识形态的重要性大于其他	在当地因素的作用下自发产生的形式，目的性强，难以改变
共同点：具有一定文化语境下的特殊性，强调差异而不是范式			

在《机械复制时代的艺术作品》中，本雅明有这样一个论述："原作的即时即地性组成了它的原真性（Echtheit）。"（本雅明，2001，王才勇 译）建筑虽不是单纯的艺术作品，但不能否认建筑创作的过程在某种意义上来说就是一次艺术创作。建筑地域主义所追求的"当时当地"特征，正是本雅明所说的"原真性"。它与传统、民族、乡土形

式最大的差别在于，它属于当代，接受全球化和舶来品，它是对"当地"的解读，而不是对"过去"的追忆；它是主动的设计，而不是被动的发展和变化；它寻求的是关于人群的思考，而不是划定疆域的意识形态表达。

三、西方的建筑地域主义：争论与统一

在西方，建筑地域主义思想的出现，向上可以追溯到古罗马时期维特鲁威将"地域性"概念引入建筑并讨论其政治含义，12世纪时尼古拉·德·克莱桑齐（Niccolo de Crescenzi）在建筑立面上以拼贴方式融合古罗马建筑片段，18世纪英国和法国的"如画园林"（picturesque garden）以其完全模仿自然的、蜿蜒曲折的园路、自然的林地与水体，表达地域主义思想，到了18世纪晚期，一种地域主义的新形式——浪漫的地域主义开始出现，19世纪下半叶，殖民主义浪潮席卷全球，激发了对"地域""乡愁"的重新定义，以及对工业化的抵抗：德国出现了倡导回归家园的Heimat运动（家园运动），与此同时艺术与手工艺运动（Arts and Crafts Movement）与新艺术运动（Art Nouveau）也在欧洲蔓延，20世纪以后，尤其是从后现代主义开始，得益于大众传媒的兴起，商业地域主义作品大行其道。关于建筑地域主义的讨论跟随着建筑史的发展一直在进行，其所处的矛盾与语境的变化，在前文阐述建筑地域主义多样性时，已经有大致的论述。

从20世纪初至今的一百多年里，"建筑地域主义"经历了在先锋派的抵抗中酝酿，在"国际式"统领欧洲时萌芽，在后现代主义失去出路后崛起，最终随着"批判的地域主义"提出与发展成为一支重要的建筑理论。这一不断发展成熟的过程，既是边缘的、抵抗的，也是不断重建、不断争论的。

1. 先锋派的抵抗

与建筑的现代化进程密不可分的先锋派，继承了其前辈"启蒙运动"（Enlightenment）的部分衣钵，在20世纪初曾迎来过辉煌。先锋派曾经承担过的反对同质文化的责任，跟建筑地域主义对天下大同的反对，有异曲同工之处。就在这个时期，伴随着先锋派的不断抵抗，建筑地域主义也正在为之后的崛起酝酿与准备着。

（1）责任与辉煌

先锋派在历史进程中所起的作用，曾经类似于18世纪中叶以后的新古典主义

（Neoclassicism）：当"前辈"巴洛克建筑逐渐失去活力，而大量的建造任务又迫在眉睫时，借助"古典"形式成为一种应对方法，一个传播普世文明的工具。

早在18世纪初英国建筑师威廉·肯特（William Kent）就为伯灵顿爵士创造了奇西克府花园（Chiswick House），将"新古典"的帕拉第奥式建筑放入追求路径曲折、景观自然的"如画式园林"（landscape garden），"代表'启蒙'的人将自己作为观察者置入园林这个自然世界之中"（诺伯格·舒尔茨，1980）；法国建筑师布雷的牛顿纪念堂（1784）更是以理性严格成为遵守古典几何形式与秩序的代表。

然而随着时间流逝，先锋派的角色也有所变化，开始承担起反对同质文化的责任。19世纪下半叶，殖民主义浪潮席卷全球，激发了对"地域""乡愁"的重新定义，以及对工业化的抵抗：Heimat运动、艺术与手工艺运动、新艺术运动兴起。20世纪初，未来主义、纯粹主义、风格派、构成主义等多个艺术流派纷纷登上历史舞台，标志着先锋派走上一个历史高峰；在建筑领域，以柯布西耶为代表的现代主义大师们不断提出新的设想与理念，大胆采用新形式，打破旧框架。这是一个与旧时代划清界限、极致追求新技术新方法的时期，然而战争的到来迅速终结了这一切，将现代主义引向了另一条道路。

（2）抵抗与没落

战争造成的动荡不安与经济萧条，极度凸显了科技与机械的力量；第一次世界大战之后，"国际式"挟雷霆万钧之势统领建筑界，为大规模建设提供了标准范式。柯布西耶说"住宅是居住的机器"，热情洋溢地歌颂大批量生产的住宅作为一种工具的重大意义；而沙利文早在第一次世界大战前喊出的"形式追随功能"更一时成为对建筑设计原则的精准概括。

战争同时令艺术与文化领域的话语权发生一定程度的转移，"从全球的观点来看，第一次世界大战的主要意义恰恰在于它开启了欧洲霸权的削弱进程——这一过程在第二次世界大战之后宣告完成——这一削弱过程至少表现在三个方面：经济衰落、政治危机和对殖民地的控制日益减弱"（斯塔夫里阿诺斯，2005）。以政治经济为基础的文化影响力，随着两次世界大战的落幕，也逐渐将重心从欧洲转移到美国。

然而，美国式的娱乐性与商业性，却令先锋派很难独善其身。就在第二次世界大战打响的1939年——一个先锋派在欧洲饱受法西斯统治攻击的时期，美国艺术评论家格林伯格（Clement Greenberg）发表了一篇有关艺术真谛与流行文化的探讨文章《先锋与媚俗》（*The Avant-Garde and Kitsch*）。

文中指出了一个很多人不愿面对的现实：先锋派艺术是属于统治阶层和精英阶层的，而这个阶层在萎缩。随着先锋派的衰落，另一种在他眼中下等的、站在艺术真谛对立面的商业文化：刻奇（Kitsch），或者说媚俗，却广泛传播。

　　法国思想家居伊·德波在1967年的《景观社会》中，对当时的社会形态做过一个著名论断："在现代生产条件无所不在的社会，生活本身展现为景观（Spectacles）的庞大堆聚。直接存在的一切全部转化为一个表象。"（居依·德波，2006，王昭风译）

　　在这里，资本主义的特质被概括成一种有意识的表演。为了这种被操控的表演，人们周围充满了"拉斯维加斯式"的符号化与"迪士尼式"的图像化；而追求理性与真实的先锋派，尽管挣扎抵抗，却也难逃被荡涤的命运。

　　随着先锋派的命运浮沉，建筑地域主义的思想正在这场各方文化势力的拉锯战中缓慢酝酿。在这一过程中起到重要作用的芒福德，尽管没有建立明确的建筑地域主义理论体系，但他20世纪20年代对区域规划的论述，发表在《纽约客》上批判功能主义的文章，以及他参与组织的"旧金山湾区地方建筑展"（Domestic Architecture of the San Francisco Bay Region），都表现出对建筑地域主义问题的批判性思考。在此后的国际式与地方性的论战中，芒福德起到的作用，既是基础性的，也是启发性的。他的思想，对20世纪80、90年代共同建立批判的建筑地域主义理论体系的很多研究者，产生了深远的影响。

2．国际式与地域性的论战

（1）国际式的提出与盛行

　　和很多被后世质疑与讨论的事物一样，"国际式"建筑是历史的必然选择，它的出现，既是对旧时代的否定，也是对工业化社会的推进，同时为那个阶段的人们解决了一些实际问题。

　　当机械与科技带来的便利遍及人类生活的各个角落时，住宅，作为跟生活最密切相关的建筑类型，与这个现代化进程注定是不可分割的。1927年在德国举办的魏森霍夫住宅博览会上，柯布西耶、密斯、夏隆（Hans Scharoun）、奥德（J.J.P. Oud）等16名建筑师共同完成了一个住宅区的设计。这个展览向当时的公众展示了新材料与新技术在住宅批量建设中运用的可能，也是早期现代建筑的集大成者。

　　此后1932年纽约MoMA主办的国际建筑展中，"国际式"被正式提出。讨论到住宅问题时，展览主办者之一的芒福德表达出对住宅建筑落后于"机械时代"且整体状况不佳的忧虑。他在住宅群体的设计方式上提出了多项规范和要求，因为担心"单个住宅或许是一座好房子，但是三个这样的住宅，彼此连结糟糕，可能会变成贫民窟"。（A single house may be a mansion; but three such houses, poorly related, may constitute a slum.）（芒福德，1932）高效设计、批量生产、规模管理、降低成本，是他提出的住宅建造的几项主要原则。

从建筑学角度出发，尽管芒福德批评人工与技术导致的对自然条件的忽视，但他也承认机械的力量对建筑及其环境的重大影响。他在1924年的著作《枝条与石块：美国建筑与文明研究》(Sticks and Stones: A Study of American Architecture and Civilization) 一书中，曾将现代建筑描述成一种生产光风热的产品。他不认为机械本身是虚假的或有害的，他在意的是社会秩序尚未适应这种工业化进程；而建筑设计者与使用者薄弱的联结，以及市场的普遍要求，才是造成单一性和标准化的主要原因。

国际建筑展进行的同时，主办者希区柯克与约翰逊还出版了强调现代建筑"普世价值"的书《国际式》(The International Style)；此后尽管约翰逊离开了MoMA，芒福德始终对现代建筑表现出不一样的思考，希区柯克还是坚持进行着有关国际式建筑的展览，如1937年的"英国现代建筑"(Modern Architecture in England)。讨论到英国现代建筑时，他以贝特霍尔德·卢贝特金（Berthold Lubetkin）、威廉·莱斯卡兹（William Lescaze）等建筑师及其作品为例，力证"国际式"堪为彼时英国建筑现状的描述。

（2）地域性的质询与尝试

然而，以工业力量为基础的国际式并非一往无前、一帆风顺。1934年出版的《技术与文明》(Technics and Civilization) 中，芒福德详细论述了机器的发展史，并提到了"地方主义"作为一种对抗工业主义的现象，在历史上所起的树立地区身份、抵制完全标准化的作用。美国建筑师诺伊特拉（Richard J. Neutra）在国际式与地方性相争的较早阶段——1939年的文章《建筑的地域主义》(Regionalism in Architecture) 中，明确提出现代建筑远不是国际性的，地区间各不相同的生活方式、规章制度、人们的心理状况等因素，才是建筑尤其是住宅发展的转折点。次年三月，学者莫里森（Hugh S. Morrison）进行了质疑国际式的演讲《国际式之后是什么》(After the International Style- What?)，并刊于当年五月的《建筑论坛》(Architectural Forum①) 上。他对欧洲现代主义对美国建筑产生的影响的持久性并不乐观，他提倡的是基于美国地方传统以及适应本土情况的现代建筑策略。

在各方学者都提出质疑的同时，"国际式"的发源地——纽约MoMA，自1937年由约翰·麦克安德鲁（John McAndrew）接管以来，传达"地域主义"思想的展览也开始

---

① 关于建筑与住宅工业的美国杂志，1892年首发，1974年停刊。

增多，引起了公众的广泛关注[①]。麦克安德鲁本人于1940年编纂出版了《现代建筑导则，美国东北部》(Guide to Modern Architecture, Northeast States)，以大量图纸与作品（297个）为例，讨论了功能主义、风土建筑、工业建筑、摩天楼、商业建筑、批量生产等问题，对美国现代建筑中流露出的地域主义倾向进行解释。

在这个思想碰撞的过程中，有两位建筑师的实践与影响是不可忽视的：赖特与阿尔托。有别于其他现代主义大师，赖特的住宅作品对自然环境以及使用者的要求有深入细致的考量。1938年MoMA为流水别墅举办的专门展览中，赖特本人将这个建筑描述为"受场地启发的案例"(a late example of the inspiration of site)(MoMA，1938)；无论是悬置于流水之上的平台，还是砌筑材料及工艺，都展现出地域环境在设计中所起的关键作用。而作品以反映北欧气候与景观形态闻名的阿尔托，更是将自然作为建筑中最重要的因素：自然而非机器，是建筑中最重要的模型（Nature, not the machine, is the most important model for architecture.）(阿尔托，1938)。柯蒂斯在战后的第一个重要作品——MIT学生宿舍贝克公寓，结合了波士顿红砖住宅的传统与连续蜿蜒的芬兰景观形态，由此产生的多样化户型与多层次景观，既是对国际式标准化的挑战，又是对自然与人类主题的演绎。

阿尔托，贝克公寓，本土红砖的外观与蜿蜒的景观形态的结合

[①] 具体的展览包括弗兰克·劳埃德赖特的一个新住宅作品（1938），美国民族艺术（1938），阿尔瓦·阿尔托：建筑与家具（1938），弗兰克·劳埃德·赖特，美国建筑师（1940），T. V. A建筑与设计（1941），美国的木屋（1941），五个加州住宅（1943）等。

（3）国际式与地域性的论战

1941年4月，芒福德在阿拉巴马大学（Alabama College）发表系列演讲"南方建筑"（The South in Architecture），以建筑为对象，将地域主义置入批判的理论框架中展开讨论，并由此引申到美国当时面对的经济、社会、环境问题；他的前后四次演讲，被认为是佐尼斯与勒费夫尔，以及弗兰姆普敦"批判的地域主义"理论的重要先驱。

此后，芒福德在质疑国际式、倡导地方性的道路上始终不曾停歇。1947年，他在《纽约客》上发表了《天际线：现状问题》（*The Sky Line: Status Quo.*）文章描述了曼哈顿高楼林立、天际线僵化的问题，指出功能主义是对功能的片面解读，是一句连沙利文自己都不会再遵守的口号（芒福德，1947）。

同时他也赞扬了以梅贝克（Bernhard Maybeck）和伍斯特（William Wilson Wurster）的作品为代表的"湾区风格"，认为这样具有地域适应性的风格才具有"普世价值"，而非起源于欧洲的"国际式"。这种认同此后也体现在1949年旧金山现代艺术博物馆的"旧金山湾区地方建筑"展中；这个集结了51个住宅作品的展览，充分展现了本土文化与欧洲元素结合时期加州建筑的面貌。

芒福德对国际式的抨击引起了很大的反响。1948年2月11日，一场激烈辩论在纽约

梅贝克设计的伯克利第一基督科学教堂

MoMA展开,触发点正是芒福德在《纽约客》上的文章。这次论坛的主题为"现代建筑正发生什么?"(What is Happening to Modern Architecture?)在这场并未最终达成共识的辩论里,"国际式"和英国人发明的"新经验主义"(New Empiricism),及其美国盟友——芒福德的"湾区学派"("Bay Region" School)作为两种主力观点展开对抗。

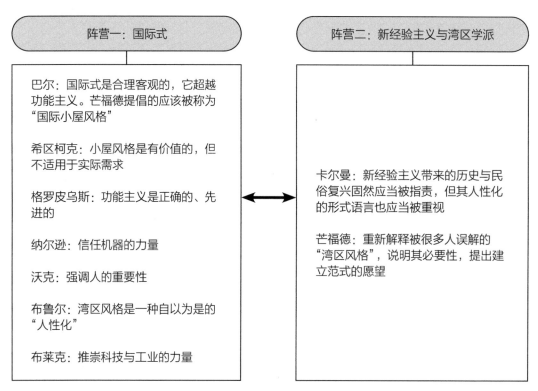

1948年国际式与地方性论战中两派的主要观点

阵营一:国际式

为国际式背书的,除了早期发起者巴尔、希区柯克,还有现代主义大师格罗皮乌斯。巴尔回顾了希区柯克和约翰逊在1932年共同出版的《国际式》一书中的部分段落,力图说明当时选择"国际式"这个说法,是因为其相对合理、中立与客观;尽管自问世以来一直受到质疑,但确实没人能够找到更好的替代词。他认为"国际式"一定程度上被误解了,尤其是当它跟"功能主义"相互替换使用时,但事实是他们所提倡的名为"国际式"的风格,是超越功能主义的。同时他还指出了人们对国际式的另一个误解:刻板地制造平屋顶、玻璃墙、白涂料的方盒子;再次引用希区柯克与约翰逊的文章,他认为国际式在材料和使用者需求上,是兼容和周全的。至于芒福德提倡的湾区风格,在他看来只是国际式的本土化表达而已。过去十年中出现的木材本土建筑,更贴切地说应该称为"国际小屋风格"（International Cottage Style），只适应特定类型的建筑，比如小住宅。

紧接着演讲的希区柯克则进一步评价了关注本土化表达"小屋风格"，认为这种个别的、分开的住宅设计一直都是一项有益的实验，但这不符合当时需要批量生产建造的实际情况。讨论到国际式的表达方式单一这一问题时，他大力赞扬了赖特，认为他表达方式极其多元，是现代主义建筑师中的翘楚，是20世纪的米开朗琪罗；而且，尽管赖特本人宣称反对国际式，但希区柯克觉得实际情况没那么夸张。

之后的格罗皮乌斯直接表明跟芒福德基本观点相左的立场，极力为"功能主义"辩护。他认为人固然重要，但机器也是生活中不可或缺的一部分。功能主义关乎物质和心理两个方面，而不是普遍认为的只关注物质；它需要被重新定义。强调土地、气候、生活方式表达的湾区风格，在他看来并不是什么新东西，跟25年前现代主义者提倡的东西本质相同，而当时的世界需要的，正是一体化的思考与发展。

与格罗皮乌斯同样强调机器生产重要性的，还有乔治·纳尔逊（George Nelson[①]）、拉尔夫·沃克（Ralph T. Walker[②]）、马塞尔·布鲁尔（Marcel Breuer[③]）和彼得·布莱克（Peter Blake[④]）。

纳尔逊认为机器和生活并不矛盾，在任何技术层面都有可能创造艺术。在当时的环境下，社会态度与技术事实才是决定建筑风格的根本要素，而不是理想与空谈；建筑师们应该解决的问题也不是"湾区风格"与"国际式"，或者与任何一种风格之间无意义的差别，而是如何解放自己，进行新的创作。沃克更强调用一种批判的态度看待建筑，以人道主义作为设计的基础，首先考虑为人的生活创造理想环境，而不是千篇一律、天下大同。布鲁尔反对将"人类"（Human）和"正统"（Formal）对立起来看，认为所谓的湾区风格忽视了现代主义多年以来的成就，却要去创造一种自以为是的"人性化"风格。布莱克提出芒福德文章中预设了新建筑的胜利，然而事实并非如此。他推崇科技和工业的力量，甚至假设说，如果1910年的工业革命没发生，那就是让这群浪漫主义者拖累的。

阵营二：新经验主义与湾区学派

面对"国际式"与"工业化"的拥趸，英国建筑师格哈德·卡尔曼（Gerhard Kallmann）为"新经验主义"辩护。对于英国年轻一代建筑师的新尝试，他持赞同态

[①] 乔治·纳尔逊（George Nelson, 1908—1986），美国工业设计师、建筑师。
[②] 拉尔夫.T.沃克（Ralph T. Walker, 1889—1973），美国建筑师。
[③] 马塞尔·布鲁尔（Marcel Breuer, 1902—1981），匈牙利建筑师、家具设计师。
[④] 彼得·布莱克（Peter Blake, 1920—2006），美国建筑师、理论家。

度，认为那个时期他们所面对的，既有强调社会与个体心理的严格原则，又有更大的自由与人性化形式语言的革新。他反对将"新经验主义"视为异端邪说，尽管其带来的历史与民俗复兴风潮应当被指责；但他更愿意看到像苏黎世市政医院那样的作品：重视病人的心理诉求超过建筑概念。他不否认新经验主义存在的缺点，但更确信其活力，并且认为这一风格的实践者应该更多地向赖特、阿尔托学习，而不是柯布西耶及其南美的追随者，因为有表达力的建筑对现代主义运动才有贡献。

在最后的总结陈词里，芒福德认同现代建筑是需要经历成长的，而湾区风格就是这样一种伴随成长而来的东西，一种对于人们来说本土化的东西：一座房子而不是某种风格。在他看来，这才是真正的国际主义，是能够在世界的每一个角落被复制和使用的。关于现代建筑的未来，他提倡更高层次的人类主义与世界主义。芒福德这种试图为地域主义创造一种范式的想法，构成了后来批判的地域主义的思想基础。

国际式与地方性的论战随着20世纪50年代以后国际式不可逆转的没落而暂时告一段落，而新历史主义者与新先锋派们立刻举起了"后现代主义"大旗，似乎在为一个新时代的到来摩拳擦掌、跃跃欲试。

3. 后现代主义之外的选择

后现代主义是什么？是一个在不同语境里有不同解释的概念，也是一种不能以一句话简单描述的修辞。凯特·内斯比特（Kate Nesbitt）曾从三个角度解释过建筑的后现代主义：一个与现代主义有具体关系的历史阶段，一种有关文化对象的理论范式，以及一组主题。(… as a historical period with a specific relationship to modernism; as an assortment of significant paradigms for the consideration of cultural issues and objects; and as a group of themes.)（内斯比特，1996）

在一个新的时代里，建筑的形象、符号、语言都经历了重置。现代建筑被越来越多的人指责为枉顾人类需求、缺乏身份认同、助长阶级压迫等，而后现代主义的任务，似乎就是打破这些桎梏，消灭这些弊端。对许多后现代主义者而言，反对现代建筑或者说反对功能主义是他们共同的观点，但在表达方式上，不同的理论家之间却颇有差别。

（1）文丘里的图像崇拜

后现代主义的代表人物文丘里（Robert Venturi），选择了一种矫枉过正的方式来反对功能主义对形式秩序的过分遵循。在《建筑的矛盾性与复杂性》中，他提出复杂性应当于建筑中持久存在，而现代建筑师却牺牲了建筑的复杂性与多样性以成就理想化的基本形式，密斯的"少即是多"更给了许多建筑师逃避问题的借口，强行简化在他看来导致的是过分简化。随着建筑功能愈加复杂，建筑师们更需要认识到方法与目的间的关系：上至医院、实验室这样的复杂建筑，下至功能单一的小住宅，无论结构与技术上多么简单，建筑的目的始终是复杂的，是有其内在不确定性的。尽管反对过度简化，但在这一时期文丘里还是明确表达了对图像化的反对：建筑的矛盾性与复杂性并不意味着图像化或者主观表现主义。（An architecture of complexity and contradiction, however, does not mean picturesqueness or subjective expressionism.）（文丘里，1966）

然而到了1977年的《向拉斯维加斯学习》中，对符号和装饰性外表的提倡，令他的后现代主义观点，走向片面。这本书的第二部分，文丘里通过两两比较，用"长岛鸭"对比路边广告牌，克劳福德庄园（Crawford Manor）（1962—1966，保罗·鲁道夫）对比基尔特公寓（Guild House）（1969—1963，Venturi and Rauch, Cope and Lippincott, Associates），以强调装饰的重要性，并申明"长岛鸭"与克劳福德庄园所代表的"诚实的"现代建筑，是乏味无聊，且不适应时代的。尽管拒绝一切装饰的做法在当时已经饱受诟病，的确值得商榷，但文丘里此处展现出的无节制图像崇拜，却呈现出类似的"过犹不及"。

（2）埃森曼"后功能主义"

另一位建筑师埃森曼（Peter Eisenman）则对当时建筑理论界宣称的"已经进入后现代主义时代"的说法表示质疑，因为"建筑的现代主义"在他看来就没发生过（1976）。在定义"现代主义"这个词的时候，无论哪门哪派，始终强调形式与功能的相互关系，这种态度，跟源自文艺复兴时期的，已有五百年历史的人类主义（Humanism）传统，相差无几；而现代主义应当是反人类中心论[①]的，它的任务绝不是以人类为核心，平衡人与周边环境的关系——这其实是前工业社会的任务。随着工业化以及建筑功能的复杂化，纯粹的形式—功能关系难以为继，因此，以这二者的平衡作为理论基础更是站不住脚。比起"后现代主义"，他更愿意使用"后功能主义"这个词，作为对功能主义的否定。

（3）弗兰姆普敦：批判的地域主义，作为第三种选择

后现代主义在文化根基与技术根基上的双重不足令其难以成为一个不断发展的学派，甚至内部就存在无法解决的问题。弗兰姆普敦在讨论批判的地域主义十点的文章最后，以后现代主义与地域主义的比较为总结，把后现代主义归纳为提倡回归传统的

---

① 自20世纪70年代起，非人类中心主义的理论在西方兴起，并不断发展。以色列学者尤瓦尔·赫拉利就是反对人类中心主义阵营中的一员，他在成名作《人类简史：从动物到上帝》中，明确表达了罪恶的人类中心主义将智人变成了怪兽的观点。

新历史主义者（the Neo-Historicists）与主张不断推进现代化进程的新先锋派（the Neo-Avant-Gardists）两个群体：前者摒弃现代化的一切，后者却认为这一过程不可避免且存在一定的革新意义。在这两个不可调和的阵营之间，地域主义被他视作第三种选择，一种不同于流行风格的传统建筑文化。但这里的第三种选择并不是传统意义上的"地域主义"观点——一种浪漫主义或者图像化的设计方法，而是指佐尼斯与勒费夫尔在1981年提出的"批判的地域主义"——对在地性的重新思考。

4. 批判的地域主义

（1）批判的地域主义提出

1981年，佐尼斯与勒费夫尔在文章《网格与路径》（*The grid and the pathway: An introduction to the work of Dimitris and Suzana Antonakakis*）中，首次提出和讨论了"批判的地域主义"（Critical Regionalism）这一概念，并揭示了它的缺陷。

"在过去的两个半世纪里，地域主义在几乎所有的国家都统领过建筑界一段时间。广义上来说，地域主义支持个别的、地方的建筑建构特征，反对世界的、抽象的特征。另外，地域主义却又有模糊性这一显著特点。一方面，它与改革解放运动结合在一起；另一方面，它又被证明是压迫和沙文主义的有力工具……当然，批判的地域主义有其局限性。民粹主义运动的动荡，作为地域主义的高级形式，揭示了这些弱点。没有新的设计者与使用者关系，没有新的规划，是不会产生新建筑的……尽管存在缺陷，批判的地域主义仍然是未来任何人类主义建筑必须跨越的桥梁。"

（2）陌生化策略（Defamiliarization）

佐尼斯与勒费夫尔对批判的地域主义的解读重点在于"陌生化"（defamiliarization[①]）的设计方法，反对浪漫的、图像化的地域主义。他们将浪漫的地域主义形容成以约翰·拉斯金（John Ruskin）为代表的"同情""亲近""记忆""熟悉"，一种试图说服他人身在过去的强烈声音；而图像的地域主义则是以亚历山大·蒲柏（Alexander Pope）为代表的使用本土元素来表达从专制的古典秩序的"蔑视""外来法则"以及"形式的嘲弄"中解放出来的愿望。

无论浪漫的地域主义还是图像的地域主义，在佐尼斯和勒费夫尔看来，都是以一种感伤态度沉湎于过去的乡愁，而表达方法就是援引典型的地域片段，把它们粘贴成一个

---

① 这个词并非佐尼斯与勒费夫尔首创，而是由苏联作家维克托·鲍里索维奇·什克洛夫斯基（Viktor Shklovsky）于1917年提出，意在艺术作品中以一种陌生的手法唤起观者潜藏的熟悉感。

虚伪、模仿、媚俗的假货，这种"过度熟悉"（overfamiliarity）的手法，说到底是建筑"情色"。而属于当代的、存在于全球化背景下的"批判的地域主义"，也并不是建立起一个与全球化对立的阵营；恰恰相反，定义、分解、重构地域要素的过程，正是建筑师全球化策略的一部分。

批判的地域主义并不意味着要去理解和使用当地事物，而是要去理解当地的限制。他们并不试图为批判的地域主义定义一种固有的风格，因为其中的诗性来自于环境的限制，某个地区的集体表征，而不是具体的设计原则。他们的这种观点中，包含了强烈的寻找范式的愿望，这也是批判的地域主义理论中难以自洽的一个点。

他们在已经出版的讨论"批判的地域主义"的书中，详细回顾了建筑地域主义从古希腊时期开始一直到21世纪的发展变迁史，列举分析了全球范围内的多个建筑师及其作品，解释他们实践中对批判的地域主义的运用。他们推崇的地域主义建筑师，除了经常被提及的阿尔托、柯里亚、安藤，还包括许多中国建筑师，如吴良镛、王路、王澍、李晓东、张柯、俞孔坚等。

（3）抵抗（Resistance）与建构（Tectonic）

作为"批判的地域主义"提出者，佐尼斯与勒费夫尔对这个概念的解读，更多地集中在对"地域主义"相关历史事件的梳理以及重要建筑师的罗列展示上，而真正对这个概念展开深入探讨并将其推广的，是肯尼斯·弗兰姆普敦。

弗兰姆普敦的主要贡献在于从文化与抵抗的角度解析"批判的地域主义"。他关注全球文明与地方文化的共存，聚焦于地域主义存在的语境与文脉，而非具体的设计方法："今天，文明倾向于卷入一种'方法与目的'的永无止境的链条中，据汉娜·阿伦特（Hannah Arendt）[①]所言：'为了'（in order to）已经变成了'由于'（for the sake of）；作为意义的功能只能产生无意义。"（弗兰姆普敦，2002）由于生产的要求，或者说由于市场的推动和社会控制的维持，城市设计受到了限制。在建筑实践中，他指出了两个极端：一是基于生产的所谓"高技"方法，另一个是掩盖了全球系统这一严酷事实的"补偿立面"。这二者都是他所反对的。他提到的由独立高层与蜿蜒的快速路组成的大都市，正是如今中国城市的形态。他思考的第三种方法，或许正是一项建筑的边缘实践：地域主义。

弗兰姆普敦用从新古典主义时期到第一次世界大战后科学与工业化取得胜利这个阶段先锋派的浮沉，来解释艺术如今面临的尴尬地位：如果不成为娱乐，就一定会沦为商品。对后现代建筑来说情况也是如此：要么成为纯技术要么成为纯布景。在这个基础

---

① 汉娜·阿伦特，美籍犹太裔政治理论家，研究极权主义。

上,"后锋"(arrière garde)作为一种定义建筑批判性实践的标准被提出。"批判的后锋必须将自己从这样的二者优选中移除:先进技术与始终存在的退回乡愁式历史主义或轻易装饰的倾向。"(弗兰姆普敦,2002)而批判的地域主义,正是一项调和全球文明影响与地方特殊性的策略。批判的自省会从当地的光、建构、地形等要素中寻找灵感,但批判的地域主义与恢复乡土的假想形式有区别。

关于批判的地域主义所采用的策略,他使用了"抵抗"(resistance)一词。他提出了三组抵抗:场地与形式,文化与自然(包括地形、语境、气候、光线,及建构形式),视觉与触觉。他援引梅尔文·韦伯(Melvin Webber)的概念,批评"无法接近的社区"(community without propinquity)与"不在地的城市区域"(non-place urban realm),以强调抵抗的建筑须保持表达的密度与共鸣。他反对一些现代主义的技术方法例如挖土,或者在美术馆里采用人工光,认为这些让环境失去场所感,同时令艺术品沦为商品;他所推崇的,是在设计中充分利用地形、语境、气候、光线,以及建构形式。这三组抵抗,具备超越技术表层、抵御全球现代化侵袭的能力。

在《现代建筑:一部批判的历史》中,他总结了批判的地域主义的7个特征,分别是边缘性、场所性、建构、相关因素、触觉、乡土的再诠释、文化间隙。批判的地域主义是一种风格之上的努力,应当"在整体中植入再诠释的乡土要素,作为有区分的片段"(弗兰姆普敦,2007)。然而,我们面对的现实是,在媒体与商业社会的影响下,以图像化的方法来阅读建筑。在区分信息和经验、真实与虚假这件事上,人们逐渐丧失判断力,包括但不限于建筑领域。关于现代主义运动,他批评其抛弃了自由、批判和诗性的传统,但除去过分简化的功能主义,现代主义还是留下了丰富的文化遗产。后现代主义的肤浅令其难以成为现代主义之后建筑界的主导,批判的地域主义却可以作为第三种选择而被纳入考虑。

在解释批判的地域主义概念的过程中,弗兰姆普敦提及的建筑师包括伍重(Jorn Utzon)、阿尔托(Alvar Aalto)、西扎(Álvaro Siza)、巴拉干(Luis Barragán)、斯卡帕(Carlo Scarpa)、博塔(Mario Botta)、安藤(Tadao Ando)等。他用伍重的巴格斯韦德教堂来解释全球文明与世界文化之间自我意识的综合,认为其既具有常规技术的理性,又具有特殊形式的非理性,符合利科所说的"未来保留任何一种真正的文化都最终需要依靠这样的能力:生产地域文化重要形式的同时在文化与文明的高度适应外来影响"(弗兰姆普敦,2007);阿尔托的珊纳特赛罗市政厅则作为触觉敏感的例证被援引:通过对人类触觉感知领域的表述,形成对视觉的补充,以避免海德格尔所说的"亲近感缺失"(loss of nearness)(弗兰姆普敦,2002)。

（4）对"批判的地域主义"试图建立本质模型的质疑

尽管"批判的地域主义"理论在20世纪80年代颇为盛行[①]，但同样面对质疑与反对。

美国建筑理论家阿兰·柯尔孔在1996、1997年各写过一篇文章，拒绝以佐尼斯与弗兰姆普敦为代表的"温情的"左翼文化批评。他对现代社会抱有乐观的态度，因此对地域主义持批判态度，其中也包括"批判的地域主义"概念。讨论地域主义的时候，他是从历史角度出发的。他在文章中首先回顾了自18世纪以来地域主义的发展，从反对启蒙运动的潮流开始，他给出了几组对比：地域主义与浪漫主义、历史主义，地域主义与折中主义，地域主义与国家主义，地域主义与20世纪20年代的先锋派，地域主义与后资本主义。

20世纪早期，先锋派存在于两股相反的力量之间：一是源自19世纪启蒙运动的原则，另一个是浪漫主义的传统。双方分别代表理性主义、世界主义、身份与唯名论、经验主义、直觉、差别。许多人可能认为20世纪20年代的现代主义运动让世界主义和理性主义取得了胜利，但是在柯尔孔看来，理性主义只是现代主义运动的一个方面；以柯布西耶为例，他的作品实际上源于地中海乡土的方盒子与白墙多过于工业标准化。当时这两种思想陷入了很深的矛盾中。地域主义的要义起源于19世纪晚期关注工业资本主义背景下社会生活理性化的各种理论；马克斯·韦伯（Max Weber）对这一过程给出了强有力的总结：理性化与世俗化带来了觉醒，以及束缚现代世界的资本主义牢笼。德国的后浪漫主义理论中，有两组简化问题的二元对立论——文明（Zivilization）与文化（Kultur）、社会（Gesellschaft）与共同体（Germeinschaft），分别代表理性形成与有机发展的结果，也描述了当时的状况；而地域主义的要义，正是属于这两组二元论中文化与共同体的一方。

柯尔孔对此的疑问是，在急速变迁的现代社会中，这组概念是否还能产生意义？如果能，这种文化特征与其早期的表现形式，如浪漫主义、新艺术运动、20世纪早期先锋派等，有什么区别？

地域主义的要义是建立在一种理想化的"本质模型"上的，试图挖掘社会的核心与本质；而建筑被视作其中的连结，建筑师们往往也热衷于通过援引本土要素，像地理、气候、风俗等，实现这种连结。但这其实只是一种心理图景营建，所谓"真正的东西"并不存在。尽管人们总是试图寻找形式与环境之间偶然的联系，拒绝浪漫主义，但很有可能"剥开模仿的外衣，却发现更深层次的模仿"（柯尔孔，2007），因为在复杂的文

[①] 英国的《建筑评论》杂志在1983年、1984年两次讨论"地域主义"这一主题。到1991年，"批判的地域主义"成为西班牙、意大利、荷兰和美国主要建筑期刊与国际论文集特刊的主题。

化环境中建立过分简化的图景是不现实的。

同样，佐尼斯与勒费夫尔提出的"批判的地域主义"，他认为也是一项保留"本质"的尝试，一种过分简化的方法；在地域主义之前加上"批判"二字，对这个概念并没有什么帮助。而"批判"的两种理解：抵抗外来经济力量对生活和人类联系的剥夺，与抵抗单纯的乡愁式回归，彼此毫无关系甚至自相矛盾。以提取原始环境碎片来组成地域建筑的方式，与其说是对理性主义入侵的抵抗，倒不如说是赞同，而且还是一种讽刺与媚俗。此外，在当下问题的各类回应中，他不认为地域主义有什么特殊的重要性。尽管他承认一些引用本土材料、类型、形态的设计很有趣，但这并不意味着它们表达了所谓的地域性本质。他还列举了赫尔佐格和德梅隆与西扎的两个设计，来解释他们对地方传统的误解。

地域主义者追求"差别"，这依赖于"个人主义"与"民族国家"。个人主义需要通过建筑师实现，但他们自己就是现代理性与劳动分工的产物；而"民族国家"是现代社会中的"地域"，同时存在政治与文化力量。

柯尔孔同意厄内斯特·盖尔纳（Ernest Gellner）的观点："民族国家兴起的原因与地区差异的根源是相互对立的"（柯尔孔，2007），属于工业社会与农业社会的结构差异。目前，工业社会正在消弭地区差异。从全球视角来看，他承认存在一些例外，如印度、伊斯兰国家这样的由古老文化组成的第三世界国家。但他也同样指出现代技术正在越来越强烈地影响这些国家，令它们同时拥有不同历史阶段的文化。因此，讨论这些地区的本质或者"真正的"传统同样非常困难。

比起传统的地区差异，柯尔孔将现代社会视为高度集中的文化或政治实体，其中也存在不可预知、有待发展的差异性。关于文化规则与地理区域之间的关系，他指出传统的决定因素正在迅速消失，现代社会是多元价值，随机性更强的。虽然现代技术带来了一些问题，但它实际上重新将艺术规则从大众领域引向私人，而没有进行毁灭；拥有稳定的公共意义的建筑，也不可能再回到它们曾经紧密联系的土地与区域中去。①

（5）"批判的地域主义"自身存在的矛盾

不同于柯尔孔深邃的历史视角，另一位美国学者埃格那在2002年的文章《定位抵抗：对批判的地域主义的批评》（*Placing Resistance: A Critique of Critical Regionalism*）中，对批判的地域主义的定义、"抵抗"的概念，以及重要的"地域主义建筑师"路易斯·巴拉干等具体对象提出了质疑。

---

① 尽管此时柯尔孔仍对现代文明与技术抱有极大的乐观，但到了2005年，当他重新回顾这两篇文章时，还是承认情况有所变化，数字技术带来的全球化的确为整个世界带来了问题，并不仅限于发达地区。

通过对文丘里、芒福德、佐尼斯与勒费夫尔、弗兰姆普敦等学者关于地域主义的论述回顾，他首先质疑了批判的地域主义与现代主义的关系。尽管反对全球化的现代主义，但批判的地域主义仍然依靠甚至同情对方。不同于大部分研究者对后现代主义所持的"单调""肤浅""愤世嫉俗"的强烈反对态度，他认为"批判的地域主义很难脱离后现代主义来理解"（埃格那，2002）。在讨论"地区与抵抗"概念时，埃格那也提出了一系列问题，质疑所谓的地域主义建筑师对地域的解释，类似的质疑在其他学者中同时存在。他认为在讨论在地性的时候，强调一个建筑师的解释胜过其他人是很讽刺的，比如，安藤之于日本，尼迈耶之于巴西，柯里亚之于印度，巴拉干之于墨西哥，其中，巴拉干是他重点讨论的对象。

他回顾了巴拉干的从业经历，自无人问津起，至举世闻名时。关于巴拉干的设计，各方学者给予了无数的赞誉，像安柏兹（Ambasz）："深植于墨西哥的文化与宗教传统之中，他风格化的设计中充满了美感"（埃格那，2002），菲格罗亚（Anibal Figueroa）的"找到了他的文化的真正表达，既避免了国际风潮的技巧又避免了'民俗化'的离奇，是真正的当代表达"（埃格那，2002），还有曼里克（Jorge Alberto Manrique）的"在巴拉干的作品中有这样一种观念：创造建筑就是创造一种环境和氛围，形成一个地点……巴拉干的建筑，没有国家主义式的程序，是最清晰的墨西哥式"（埃格那，2002）。而埃格那所质疑的，正是单一建筑师，比如巴拉干，是否可能创造出既高度个人化又代表现代墨西哥文化的作品。他反而认为，这种个人的身份形象被投射到国家之上的现象值得怀疑。

至于巴拉干是否能被称为"批判的地域主义者"，他的观点是巴拉干的作品中有太多的因素与弗兰姆普敦及佐尼斯和勒费夫尔描述的批判的地域主义不符。

首先，在一些评论家的帮助下，巴拉干在他的作品上包裹了精挑细选的地域记忆，缺乏真实性；其次，巴拉干的作品比普遍认为的要国际化得多，埃格那甚至质问说巴拉干作品中的"地域感"究竟有多少来自本土化的关怀与条件，又有多少其实是外国人对墨西哥的（错误）理解；最后，跟同时期的奥戈尔曼、加西亚、帕尼（Juan O'Gorman, Jose Villagran Garcia, Mario Pani）等建筑师比较，当他们都在建造廉价实用的建筑时，巴拉干自己却在服务房地产精英们。尽管他也收到一些批评意见，但往往十分浪漫且并不激进。

批判的地域主义本身存在一些概念上的矛盾。为了强调抵抗、过程超过产品、地点、身份，以及其他一切考量的重要性，批判的地域主义恐步入一种"帝国主义乡愁的修正形式"（埃格那，2002）。虽然芒福德提醒人们要"从自身个性化的景观与文化历史中学习和寻找养分"（埃格那，2006），小心标签化，但批判的地域主义还是扮演了流行公式的角色：被部分建筑师视为现代主义的救星。普遍性与特殊性同时集中在这个概念上，埃格那认为其既是全球化趋势的反对者，也是受害者。从建筑地域主义的概念解释上说，特殊与差异是它的主要特征，这与批判的地域主义建立范式的愿望相悖。

（6）更圆融的建筑地域主义观念

除了"批判"，同一时期讨论"地域主义"的学者中，也有部分人态度相对温和，其中包括威廉·J.R.柯蒂斯。在描述"地域主义"时，他采用了"真正的"而非"批判的"作为修饰。

他认为20世纪80年代广泛流行的对"地域主义"的兴趣，反映了人们对现代商业与技术侵蚀个性文化的焦虑。在他的文章中，真正的地域主义被描述成"将过去的生产原则与符号亚结构植入并转换成适应当下变化的社会秩序的形式"（柯蒂斯，1986）。地域主义实践的目的应当是创造一种无时间性的品质，融合新与旧、现代与古代、地方与全球。他反对一切陈腐的、低价值的文化，无论其来自何处。他提倡"汲取地方的智慧，而不是简单模仿乡土形式"（柯蒂斯，1996），打破分层，寻找地方、国家和全球之间的平衡。

讨论到"地区"时，他认为外部影响应当被纳入考虑，而非直接将地区与其相适应的基本形式（如气候）连结在一起。他承认传统的、乡土的模式有适合其自身时代的普遍语汇，但也是随时间变化的。以最佳方式处理在地性的本土传统需要被转译成现代技术；在实践中，存在传统与现代之间的平衡：前者需要重新唤醒，而后者需要在一个比风格或装饰深得多的层面的"本土化"。

流行于20世纪50、60年代的国际式被批评为单调的方盒子形式，还被视为会毁掉建筑本土身份的怪兽。柯蒂斯对这个观点只有部分同意，因为问题不应当只被归咎于现代主义与国际式。

在他看来，"后现代主义"也在身份缺失的过程中扮演了关键角色，因为它错误地在标记和引用上进行轻佻的操作，想借此解决问题。他不同意将全部的现代建筑都归类成无本之木、功能主义、反符号，很多现代主义建筑师如赖特、康、巴拉干、丹下健三的作品，都是古老价值与充满活力的现代性的结合。

哈桑·法赛（Hassan Fathy）被他视作为一个很重要的建筑师，其建筑哲学重新激活了古老的手工艺智慧，保证了使用者与建造者、过去与现在、头脑与双手之间的和谐，还同时解决了农村地区廉价居住的问题。此外，柯蒂斯也援引了SOM、柯里亚、安藤、多西、伍重等建筑师的作品，解释转译原则、适应地方与气候、运用本土手工艺、融合新与旧、地方与全球的设计方法等。对他而言，真正的地域主义应当是无时间性的，不论风格，仅作为文化记忆上新的积累。

5．西方建筑地域主义理论发展历程小结

西方建筑界关于建筑地域主义的探讨从20世纪初至今经历了多个阶段和两轮大的争论，最终形成关键性成果"批判的地域主义"，这个理论在全世界范围内都产生了广泛的影响。在这个过程中，四位学者起到了关键性的作用，他们是为批判的地域主义理论奠定基础的芒福德，批判的地域主义理论提出者佐尼斯与勒菲弗尔，还有将这个理论拓展延伸的弗兰姆普敦。

不同学者的观点之间存在某些共通之处，如强调批判性、地形气候因素、传统美学原则、用现代的方法解决具体语境里的问题等。大部分理论都将自然或人文因素的决定作用作为解释"地域主义"的关键点，同时将"全球化"与"地域性"认为是相互排斥的两个方面，需要批判的地域主义予以调和，几乎所有人也都会提出对商业社会的反思。

四、中国的建筑地域主义：一种"去符号"的态度

中国，是一个地理范畴，更是一个文化范畴。在这个广阔领域内进行的地域主义实践，注定是一场声势浩大的文化活动。自新中国成立以来，中国建筑创作中的地域主义倾向是从早期的"地域性"逐渐发展而来的。可以这么说，早期设计中存在的，更多的是"地域性"方法，而非"地域主义"思维。

自20世纪80年代批判的地域主义理论被提出后，世界范围内的相关讨论与实践持续升温，并不断发展和成熟。中国作为"世界建筑的实验场"，尽管受到西方理论的影响较大，但也在不断地尝试和前行中寻找自己的语言体系，力图建立中国这个文化范畴内的"建筑地域主义"理论框架，但整体来说，相关的理论思考切入点很多，且彼此之间没有十分有力的争论与联系，比起西方地域主义理论彼此连接的发展，更像是一种信息多元时期的集思广益与相互讨论。

1．重要建筑思想举例

（1）自省的地域主义

建筑师李晓东在中国当代建筑的地域主义这个问题上，是一个有特殊身份的人。他1984年从清华大学建筑系本科毕业，担任一段时间助教之后，去荷兰代尔夫特大学继续

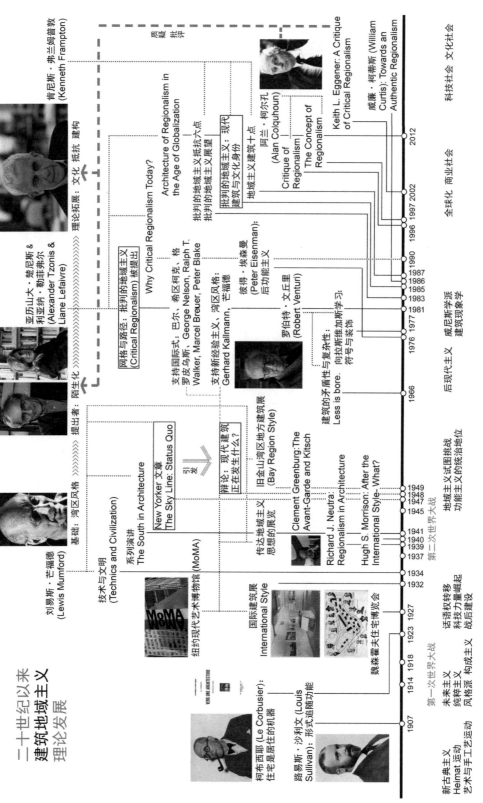

20世纪西方建筑地域主义理论发展

学习，1993年获得博士学位，师从亚历山大·佐尼斯。批判的地域主义这一经典建筑理论，就是通过他介绍到中国的。

尽管如此，李晓东并不认为批判的地域主义理论完全适用于中国的实践。中国人看世界主客一体，讲究天人合一，我们的建筑空间承担了很多文化和情感成分，不同于西方人严整的逻辑分析。批判的地域主义强调批判性，实践中刻意放大的形式冲突与中国人以和为贵的价值观不符。此外，批判的地域主义本身存在一些矛盾，它所倡导的以现代建筑理念对地域传统的拣选与重塑，是中心对边缘的话语霸权，在唤起全世界重视的同时，也在加速建筑地域文化的消亡；它所希望建立的范式，是对地域精神中最核心的多样性、差异性特征的扼杀。

对既有理论的思考，结合从1997—2004年在另一个亚洲国家新加坡的教学、实践与观察，李晓东提出"自省的地域主义"，作为对批判的地域主义理论的修正。自省的地域主义首先是建立在正确的身份认同基础上的。20世纪是脱离了传统封闭社会的一百年，是中国在身份认同这件事上最困惑的一百年。由于历史的原因，当西方社会经历了工业革命，循序渐进地从现代主义发展到后现代主义时，我们从传统社会几乎一夜之间跨入后现代社会，再加上西方话语中心对周边的霸权式殖民，因此中国从20世纪80年代开始在文化上一直处于认同感缺失的状态。这种缺失导致的迷惘带来了大范围的媚俗的建筑文化，比如符号式的对传统的回收利用。他所赞赏的，是吴冠中先生那种当代性与中国性彼此平衡、彼此融合的艺术状态。

自省的地域主义，强调的是自省、对话与反思。尽管批判是建筑创作中必不可少的，但自省的地域主义不主张以激烈的形式冲突来实现批判，而是在以现代价值观审视地域传统之时，也接受对方的审视和拷问，用圆融和交互的姿态完成设计。此外，自省是个人行为，设计者不必以集体代言人的身份自居，也不需要建立通则与范式，只需要回答地域精神中最契合个人设计的部分。

李晓东的很多建筑作品，都体现出自省的地域主义思想[①]，他个人比较推崇的篱苑书屋，是北京怀柔一个村落中的小图书馆。由于村里街道上的柴火棍打动了他，因此他将这些柴火棍用到了建筑的围护上，镶嵌在木框架之间。光线可以透过缝隙柔和地洒进来，风也可以从水面上拂过来，内部的木材质，营造自然、温馨和放松的氛围，适合读书。建筑师自己形容篱苑书屋的设计状态是"自在"（李晓东，商谦，陈梓榆，2017），这种自在是自省的地域主义想达到的圆融状态。

---

① 代表性作品有丽江玉湖完小、丽江森庐、福建桥上书屋、北京篱苑书屋、清华大学建筑学院新馆、深圳国际交流学院、归宗禅寺等。

（2）文人化的地域主义

提到中国的建筑地域主义，王澍的影响是无法回避的。2012年普利兹克奖评审委员会对他的评价中，有这样一些描述："他的建筑独具匠心，能够唤起往昔，却又不直接使用历史的元素……王澍的建筑以其强烈的文化传承感及回归传统而著称……正如所有伟大的建筑一样，王澍的作品能够超越争论，并演化成扎根于其历史背景、永不过时甚至具世界性的建筑……2012年度普利兹克建筑奖授予王澍，是因为其作品杰出特性与品质，同时，也出于他始终致力于建筑的坚定与责任，那份坚定与责任出自一种特定文化及区域的归属感。"[①]从这些描述中，不难看出王澍的建筑，最打动西方学界的地方，就在于调和了本土与全球，同时没有采用浪漫的地域符号，这些都是近年来统领建筑地域主义领域的"批判的地域主义"理论所一再强调与推崇的。评委会所宣称的"永不过时"乃至"世界性"，更显示出一种对于建立地域主义建筑范式的愿望。

作为首个获得普利兹克奖的中国建筑师，王澍在"中国性"的问题上，观点始终不同于其他以西方建筑教育为主的国内一线建筑师。有关王澍的文本与建筑，童明曾于《建筑师》杂志发表过系列文章进行详细的描述与讨论[②]。顺着他整理的脉络，我们可以对王澍在传统城市与建筑、中国性、地域主义等问题上的观点略知一二。

王澍读本科时期发表的第一篇论文《旧城镇商业街街坊与居住里弄的生活环境》中，就透露出他对传统城镇空间丰富性的兴趣，主要集中于城市片段之中。他串联局部以观整体，表现出一种结构主义的思考方法。而此后在他对皖南城镇民居的调研中，又进一步表达了民居的整体文脉当存于空间结构之中，而非有关"样板民居"或装饰的解读，这实际是一种破坏。他所认识到的传统民居局部的随机性与整体的和谐及平衡性，与当时西方解释城市形态的理论（如《城市意象》），有很大差别。之后他的硕士论文《死屋手记》中所展现的建筑观，明显受到语言学与符号学的强烈影响。他把建筑作为一种语言来看待，把建筑形象理解为对"定居"过程的表达，这个过程"因时因地而异，反映人类的世间生活，并且通过建筑形式和空间组织表现出来"（王澍，1988）。

他的博士学位论文《虚构城市》中，充满了关于城市、建筑、园林、文学、类型学、符号学、音位学、现代主义、功能主义、结构主义、形式主义等多个话题的论述。他受结构主义影响很深，在看似漫无目的的行文中，透露出来自早期传统城镇、皖南民居调研时一直延续的天生的偏好与敏感的体验。尽管《虚构城市》成文的基础是对大量西方理论文献的阅读，但"王澍始终没有放掉自幼业已形成的对于中国传统文化的挚

---

① 摘自普利兹克建筑奖中文官网https://www.pritzkerprize.com/cn/%E5%B1%8A%E8%8E%B7%E5%A5%96E8%80%85/wangshu

② 这一系列文章发表于《建筑师》2013年第2、3、4期，题为《理型与理景——王澍的文本及其建筑》。

爱。更重要的是，从西方现代主义建筑这面镜子中，王澍看到了当前正在消退着的本土传统中所存在的一种'积极的形式主义'，而这种积极的形式主义所代表的是一个以另外一种秩序为对象的生活世界"（童明，2013）。

1991年，王澍完成了杭州中国美术学院中一间画廊的改造工程，他在这个项目中用几何抽象的方式完成了他之前对皖南村镇民居的空间解读。画廊中央并置的三个正方形院落，是他对皖南民居三种院落类型的概括：二层内院、一层内院、两片墙体加两根立柱的不完整内院。三个院子被四个同等大小的门洞串接在轴线上，以均质排布的方式满足展览所需的空间逻辑。这种向传统民居索要原型但借助抽象几何形式表达的方法，是王澍早期为了避免形式主义、拒绝装饰所做的努力。这种表达"中国性"的方式，跟他本人的性格气质不太契合，跟他后来的创作也有很大不同。

1999年，王澍完成了苏州大学文正学院图书馆的设计，在同年举办的第20届世界建筑师大会当代中国建筑艺术展中，他对文正学院图书馆做出的解释是，"尝试在这个设计中反映出对传统中国江南园林的某种体验"。

而后在他杭州的自宅里——实际就是一个70多平方米的两室一厅小公寓的室内装修，他同样提到是要建造一个最小的园林。这两个地方提到的"造园"，都不是指叠山理水的具体操作，他强调的是一种想象和替换，一种对"熟悉感"的打破。比如在他的自宅里，他在南窗的下面嵌入一个盒子，使其成为一个"房中房"，他认为这符合园林中一个亭子的摆法。这种做法，在他后来的象山校区二期，以及没有实施的苏州"天亚的院宅"三合院中，都重新出现过，可见是建筑师比较偏爱的表意园林的手法。

王澍在讨论中国式住宅的可能性这个话题时，曾经提到拒绝简化的态度。在他看来，什么是中国式这种问题不能被简化，对传统和历史的东西的一种简化、概括的理解，是不合理甚至可能是荒谬的。他重视住宅的自发建造，因为这跟民居产生的路径类似，也曾在钱江时代里尝试过类似的做法，但因为种种原因限制不断减少比例直至最终放弃。要做中国性的住宅，样式的讨论在他看来不是最重要的，如果要说中国的院子跟世界上其他的院子有什么不同，那就是世界观的差异，是认识自然、定位建筑与自然关系的不同。强调自然比人造物更重要的观念，是中国传统建造诗意的基本点，也是与过度"建筑中心化"的现代主义最大的区别。尽管同样拒绝符号拼贴，但他对形式的重要性或者说形式主义毫不回避，因为在一个庞杂的时代，往往需要简明的形式来反映社会内容。

他的地域主义思想，是建立在他多年的阅读、写作基础上的。早年对符号学、结构主义、类型学书籍的阅读，以及在皖南民居中的观察与调研，共同构成了他看待"中国的建筑"这个对象的全局观。他在践行地域主义的时候，往往展现出一种"文人造园"的整体性思维，而不是对片段或只言片语的理解。"王澍是一名建筑师，但他往往将自己称作一位文人。如果抛开气质与性格不说，王澍对于中国建筑界的影响的确是从文字开始的。"(童明,2013)他对造园的热情,很大程度上是出于对中国人文理想的理解,即不断地向自然学习,使人的生活尽可能恢复到自然状态。对这种诗意生活的重建,是他认为的建筑师工作的一部分,他的一系列具有园林意味的建筑作品,如自宅、天亚的院宅、象山校区等,也都体现出这种"中国性"。

(3)本土设计

"本土设计"的理念由建筑大师崔愷提出。他2009年出版的第二本作品集,就取名为《本土设计》。本土设计这个词,本身可以引出很多相关的讨论,如地域、乡土、国家、传统等,崔愷本人也不止一次被问到有关"本土设计"与"建筑地域主义"的关系。

他的观点是,尽管本土设计与地域主义有相似之处,但仍然有很大区别;或者说,本土设计更像是建筑地域主义的子集。他强调本土设计立足土地,指的是建筑与土地的关系,而不是建筑与建筑设计者的关系。他认为本土设计既区别于传统形式的建筑设计,也不同于地域主义建筑,更不是乡土建筑。建筑师应当去寻找属于那片土地的特色,将设计与地方材料、适宜技术相结合,让建筑回归自然(崔愷,2014)。本土设计是立足于具体建设场地的立场、方法和思考路径,创作出来的建筑作品可能具有地域文化特征,也可能没有,在设计过程中使用的,也仍然是当代的设计语言。

金秋野在《厚土重本 大地文章——崔愷和他的"本土设计"》(2016)中,直接指出崔愷的本土设计思想与批判的地域主义无关,他对本土或历史的理解是基于"现代世界"这个既有事实之上的。现代中国建筑师可以做到既将现代为我所用,又以传统回馈现代。崔愷的本土设计作为一种策略,体现出一种自觉的国家意识,它的对立面是"无根",特指现代文化冲击下近乎失语的中国知识界,和城市文明侵袭下几乎失去生存想象的中国民间社会。崔愷作品中的"本土"意识,并不是通过具象的形式符号来表达,而是宏观认知、判断选择上的一种分寸感。因为在中华文明中,对变化的认知和分寸的把握,是处于核心地位的。他在职业生涯中表现出的国家意识和历史责任感,正是本土知识人与国家传统关系模式的现代衍生物,尽管在现代社会中遭到强烈冲击,但依靠个人自觉的文化—历史归属感得以延续,并在实践中自证合理。

(4)地方设计

地方工作室,顾名思义可以看出主持建筑师魏春雨的创作理念与地域是息息相关的。他的设计经历,从理念上来看,可以分为两个阶段。

第一阶段用类型转换的方法对湖南民居中大量传统聚落与民居的特定建构语言进行引用,获得了层次丰富的、好看的建筑。选取传统民居中的形式要素,经过总结和变形,运用到现代建筑中,创造了如边庭、竹井、狭缝空间、引桥等空间,但其中存在地域仿生的痕迹。第二阶段创作重点转移到对地景的响应和认知上，不再只关注某个形式类型，而是探究建筑之间以及建筑与环境之间的联系，称为"地景知觉"。以岩排溪村方案为例，表达的就是山地聚落、梯田、人对地景的适应，进而导出"村中城"的概念。

他创作阶段以及设计手法的变化，在当代其他建筑师的实践中，也能看出类似的路径。只是这种变化路径可能不仅仅局限在某一个或某几个建筑师身上，而是发生在更大范围内。

仲德崑在《建筑终应接地气，春雨润物细无声——试评魏春雨近期建筑设计作品》（2013）中，将魏春雨的实践评价为坚守现代建筑的精髓，坚守地域主义的理想，坚守中国文化的传承，坚守生态文化的营造，坚守建筑的本体内涵，坚守建筑师的职业操守。地方设计工作室将现代主义与地域主义融为一体，提倡新地域主义和批判的地域主义，采取现代材料与工艺来表达地域性，而不是使用纯粹乡土元素的策略，例如他们的中国书院博物馆就体现了这一点。

2. 中国建筑界看待建筑地域主义的一种"去符号"态度

活跃在设计一线的当代中国建筑师，很多都具有海外留学的背景与经历，他们所接触到的理论与方法，无疑会对他们的认知与态度产生很大影响，表现在具体问题上，就是一些学者所共有的，建筑地域主义问题上的去符号态度。跟很多西方学者一样，他们对"符号"——一种明确指涉地域传统的意象，充满了警惕，生怕落入形式模仿、浪漫乡愁的陷阱。

中国建筑学者在建筑地域主义问题上的符号批判

崔愷	"弗兰姆普敦的'批判的地域主义'有很广泛的影响和认同感，它特指在地域文脉的传承上反对形式模仿，强调创新和与时俱进。这无疑是正确的……"（2017）
王骏阳	"尽管建筑中的裸露并非新的发明，而且它永远只能是一种回归，但是它的针对性却十分明确，即在过去数十年中愈演愈烈的'表层包裹建筑'（architecture of envelopes）……大有演变成一种新的'装饰主义'（ornamentalism）之势。"（2016）
周榕	"现实中标榜'批判的地域主义'的标签建筑，要么是现代功能加传统形式的折中主义翻版，要么是与地域精神和文化传统全然无关的挂羊头卖狗肉的伪地域主义，以及用'地域性'做招徕的奇观建筑与劣质设计。"（2014）
魏春雨	"这个时期的大量设计算是对传统地域的初步响应，而且有了大量类型化的语言积累，使设计变得轻松、有趣，且有别于当时拿来主义、折中主义、前卫风、新中式及拼贴式的当代主义。"（2013）
柳亦春	"正好应对一段时间以来持续的'表皮'与'装饰'、形式的'真假'等争论，体现在我们的设计中也有了一个较为明确的判断。比如我们放弃了用地方材料来应对地域性的问题，转而采用当代的工业化材料。"（2013）

续表

陈屹峰	"我觉得在设计中自觉运用地方材料很好,但应避免把地方材料符号化、标签化的做法。"(2013)
李翔宁	"当代全球化语境下,地域主义已经成为创造新奇形式的工具。而当代中国对于地域主义的运用也常常离不开一种中国建筑的意象,或者说与'中国性'(Chineseness)这个概念紧密相连。"(2011)
卢永毅	"关注地域性的设计实践在相当长的时间里依然是以历史建筑为资源、以形式的联想唤起地方特征的识别为手段来实现的,因此落入肤浅甚至庸俗的风格的滥用也在所难免……"(2008)
卢健松	"这种(地域性缺失的)危机,是工作方式和流程改变本身造成的,不可能通过符号的拼贴与移植来解决……即便采用了历史的符号,如果不仔细地分析一个地段的自然、人工、人文要素对建筑形式的制约与支撑,不思考建筑形式的理性生成方法,本质上是兜售地域符号,而不是构建地域建筑。"(2008)
支文军	"新乡土建筑并不是那些对乡土民居肤浅的模仿,也不是对建筑符号的生搬硬套,更不是矫揉造作、牵强附会的滑稽表演。"(2006)
许亦农	"它们当下华丽展现的各个'传统'形象反而使它们相互变得明显相似……当下的相似问题其实带有现代主义雷同性的逻辑性质,它产生于数量很少的高度标准化的题材和特征的大量堆积,而这些题材和特征由不少当地政府甚至一些规划师和建筑师构思为'传统的'或'当地的'。"(2016)
徐千里	"建筑不是某种纯粹抽象的物质形态,也不是某种象征意义的文化符号。"(2007)
刘晓平	"'建构'的引入对中国建筑摆脱地域主义和符号手法的困囿,回归到建筑本体的物质性(materiality)具有重要意义。"(2011)
陈昌勇 肖大威	"地域建筑实践探索逐步由符号象征走向形式抽象,希望既能表达地域特点又能体现现代主义简洁明快……"(2010)
陆邵明	"当今中国建筑师要承担前所未有的社会、文化、环境责任,需要缝合建筑与场所背景之间的断点。那种迎合业主的需求、追逐各种时尚的建筑风格、形态的线形输出显然不是长久之计。"(2013)
康慨	"中国的东西不是标签化的东西,不是符号化的东西,不是缔造一个LOGO或是一个形式主义。"(2010)

(1)对风格、形式、图形堆叠的批评

跟许多西方学者一样,中国学者也常常担心建筑的地域主义实践会陷入对风格、形式以及图像的追求,他们不希望看到为了唤起乡愁而进行怀旧的布景,认为这是一个危险的信号。

卢健松在《建筑地域性研究的当代价值》(2008)一文中认为,建筑地域性是一个开放和多样的概念,可以说有多少个地域就有多少种地域主义。广义上来说,一切建筑都是地域的,但现代营造方式大大削弱了建筑中原本自发拥有的地域性。为了扭转危机,在设计建造工作中追问建筑的地域性就变得很有意义,但这是工作方式和流程的改变才能解决的问题,不可能通过符号的拼贴和移植来解决。建筑的地域性,本质上是追求建筑的"真实性"。他与李坚2010年的文章《建筑地域性研究与自组织理论的契合》

中又再次提到建筑地域性是动态的，具有时间累积与现象累积叠加的特征，强化建筑的地域性不能通过简单的再现传统，放大文化符号来实现。

徐千里在2008年《城市建筑》杂志"基于地域性建筑创作实践的思辨与展望"讨论中，谈到近年来关于地域性的讨论很多，但是相关的实践效果却不理想，原因在于思考方式过于表面，对地域性的追求往往集中在建筑形式与风格上。但形式其实不是关键，城市中基本特征与本质的消失才是地域性缺失的关键。康慨在2010年"本土与原创"的讨论中，谈到论本土，认为有时这是把问题复杂化，中国的东西不是标签化、符号化的东西，不是缔造LOGO、形式主义。

陈昌勇、肖大威在文章《以岭南为起点探析国内地域建筑实践新动向》（2010）中对当代的地域主义设计手法提出了很尖锐的批评。他们首先指出地域主义建筑是建筑中的一种"方言"，广义上包括批判的地域主义、乡土建筑、民族形式等多种类型。对符号象征意义的运用一直是建筑师地域创作的常用手法之一，但这样的元素拼贴与现代主义的实用精神相悖，因此建筑师们开始试图从符号象征转向形式抽象，建立功能与形式之间的逻辑关系。尽管当代建筑师运用现代主义的纯粹精神完成对形式符号的抽象，但并没有完全摒弃它，去寻找建筑空间本质。装饰表现是一种显在的地域主义，中国建筑师在早期的地域实践中，也多使用这个方法。后来，实验建筑师们采用建构的观念和诗意的建造表达本土材料，但并没有摆脱形式主义的困扰。新中国成立初期，地域建筑设计建造都会采用当时最为先进和完备的技术，到了当代，在实验建筑师的带领下，却逐渐转向乡土低技。但在这种视野下实现的地域主义，带来的主要是形式上的新鲜感而非技术本身的意义，成为建筑师追求标签的结果。气候作为地域建筑不能回避的基石，随着技术进步从简单分析转换成多维定量。尽管有这些转变，国内的建筑地域主义实践其实还是在走向低潮。

刘晓平在2011年的一次采访中，讨论全球化语境下的设计态度，谈到20世纪后期对现代主义的批判和匡正是必要的，但后现代主义对奇景的追求，对历史的怀旧，对符号的借用，反映出建筑商业化大众化的趋势，缺乏深度。后现代主义的基础是符号学和语义学，而以安藤和博塔为代表的批判地域主义者，通过形式表达场域个性，超越了简单的历史符号继承和转换。贝聿铭的北京香山饭店，曾经给中国的建筑创作带来很大影响，即所谓"新而中"，但在北京建一个带有南方园林建筑符号的建筑，更像是一种脱域植入，体现出全球文化的多元主义。"陌生化"曾经是刘晓平作为建筑师的追求，正是因为不想模仿和复制传统符号。

陆邵明视语境为地域主义创作的根本，他在《全球地域化视野下的建筑语境塑造》（2013）中，以弗兰姆普敦的批判地域主义为起点，认为其关注地方的地理、自然条件、物质技术以及场地的特殊性的思想对语境建构具有启迪性。结构主义注重内在局部与整体符号系统的关系完善，而后结构主义则更关注外在语境；当代的地域建筑更倾向于内外时空语境的耦合塑造，既注重文本内的句法，也注重外在社会文化语境，以构建多种文化与日常生活融为一体的地域图景。全球化变迁中的地域文化更是不能脱离具体的场所和语境。建筑语境塑造的关键在于物质空间、社会活动、文化意义在特定时空中的关联耦合，包括历时性与共时性两个方面，二者的共同作用推动地域语境的塑造。在语境塑造的策略上，他提出概念的语境化（如迈耶的法兰克福手工艺博物馆），语境的概念化（如李晓东桥上书屋），高语境塑造（如西扎的海洋游泳池、斯卡帕的斯坦帕利亚展示馆）三个策略。当今中国，他认为追逐风格、形态输出的方式不是长久之计，我们需要的是一套自主创新的语境思维来应对每个特定条件下的建筑创作。

（2）符号带来的城市形象混乱

由于在建筑实践，尤其是文旅项目中，出于商业目的的符号拼贴显得尤为突出，因此造成了一些城市特征的消失和混淆。尽管文丘里曾经提倡和赞扬以大众文化为导向的美国城市拉斯维加斯，但在很多中国学者眼中，这些符号带来的混乱要远远大于它们承载的文化意义。

李晓东在《反思的设计》（2005）中提到中国社会的开放以及发展带来了一个副产品：阶层分化。新兴的富裕阶层在审美选择上缺乏自信，他们把文化变成标签化的产品。在建筑市场经历了欧式、美式、日式的风潮之后，最近兴起的"中式"，似乎是希望对抗西方的入侵，然而狭隘的民族情结对产生新的文化中心并没有帮助，而只是一种回避。他比较赞同类似北京798那样以平和宽容的视角对待历史的方法，经过对过去的反思、理解和创作，带出新时代的信息。这种自下而上的反思文化，是自省的、自信的、自觉的。

杨林、庞弘在《批判性地域主义建筑特征初探》（2009）中解释批判的地域主义认为普遍意义上的地域主义对传统形式与材料不假思索的使用是错误的，会造成复古建筑泛滥以及历史符号的胡乱拼贴，这种用于商业宣传的方式会导致理性枯竭。

许亦农在《普遍性和局部性：评述当代中国建筑环境的性格》（2016）中专门谈到了中国当代地域主义常用的两个元素：红灯笼与马头墙。他认为华丽展现各个"传统"的形象反而使建筑变得明显相似，这跟现代主义消除装饰和简化形体造成的雷同有一样的逻辑性质。它产生于数量很少的高度标准化的题材与特征的大量堆积，是被构思出来的"传统"和"当地"。大量使用的红灯笼和马头墙，体现了准传统主义者在装饰性和建筑性两方面的想法。这个"局部普遍化"的过程以"当地传统"或"传统保护"的名义产生，却用来服务当代旅游者。马头墙并非其所在地区建筑的唯一显著特征，但却被单独挑选出来并直接使用在新建筑上，传统正是因此而枯竭的。城市中出现的装扮粉饰的"老街"，一方面缺乏原真性与诚实性，另一方面，它们直接将"传统"放在了"现代"的对立面并努力靠近那种外观，实际产生的效果是这些老街不但不能代表传统，反而和城市的其他部分一样非常现代甚至更加现代。故意将"传统""地方"与"现代""普遍"作区分，为了使这种区分效果显著，传统和地方就会变成为利益服务的商业博物馆。这种博物馆化的过程甚至会将一些具有地域意义的建筑从环境中脱离出来，从生活场所变为观看场所。建筑环境有意义的体验依赖于深思熟虑、资源丰富的设计，而不是"地区""普遍""传统""现代"这样束缚性很强的术语。

3. 建筑地域主义的理论预期与实践困境

在谈论当代中国的建筑地域主义实践之前，我们需要先了解理论本身面对的矛盾与困境。弗兰姆普敦在他的《地域主义建筑十点》中，提出了地域主义理论涉及的几组二元关系：批判的地域主义与乡土形式、信息与经验、空间与地点、类型与地形、建构与图景、人工与自然、视觉与触觉、后现代主义与地域主义（弗兰姆普敦，2007）。他的这些归类，大致涵盖了建筑理论界对地域主义实践策略的预期，结合其他学者的论述，以及中国建筑界对这个问题的思考，我们可以了解到在当代中国这个复杂的语境里，学界为建筑地域主义总结和预设了怎样的实践策略：

1）陌生化策略，拒绝模仿，超越风格；2）充分利用自然条件，避免过多的人工干预；3）采用本土材料，最好能够利用当地的工艺，摆脱空间形式塑造的局限性；4）寻求建构本质，剥除表面的语义符号。

然而在实践中，建筑师面对的是整个社会环境以及历史变迁，因而未必能够完全遵循理论上的预设。商业社会、人工的城市、工业化生产，以及建筑地域主义寻求差异性的原始要求，都造成了实践与理论的矛盾。

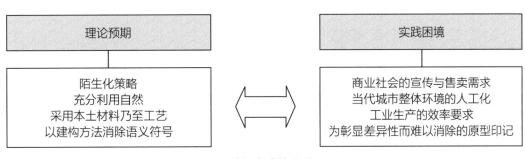

理论与实践的矛盾

（1）陌生化与商业社会的矛盾

身处商业社会，建筑被附加的商业价值令其不仅仅代表设计艺术，一定情况下更代表资本运作的一个环节。在当下利润巨大的中国房地产市场，每一个住宅区的开盘都脱不开标签性的市场宣传，从20世纪90年代的"欧陆风"到2000年以后风头渐盛的"新中式"，无论是柱廊、线脚和拱窗，还是大屋顶、石狮子和月洞门，设计意图并没有本质上的差别：都是为使用者拼贴和营造图景。而佐尼斯与勒费夫尔提出的"陌生化"的设计，追求的恰好是不熟悉、不唤起联想，这种方式大多数情况下无法得到资本的认可，因而在商业社会的大环境中，对商业作品而言，实施有困难。

（2）自然与人工的矛盾

当代中国城市，大部分建筑物都会采用人工光源与人工通风。大进深的办公空间、商业空间，甚至部分平层面积较大的住宅空间，即使在白天，都需要人工光源的帮助；空调更是人口密集的城市热岛不可或缺的一部分。许多城市在开发的过程中，对原有的地形地貌或旧城肌理，采用的是统一推平的做法，几乎不考虑当地本来保有的自发形态。这些以人造环境强制改变自发条件的做法，是建筑地域主义理论所反对的；建筑地域主义提倡的是通过恰当的方法实现对自然条件的充分利用，消融人工与自然的隔阂。

（3）手工艺与工业化的矛盾

民间留存着许多本土化的建造方式，不同地区的匠人处理同一种材料，也有各自的方式。可以说，手工艺记录的不仅是完成一个建筑的技巧，也是对材料特性充分利用的经验。然而，这对于现代化大规模生产来说，是缓慢和不适应的。所以我们在城市中还是会经常见到涂料刷成一色的砖墙，或者并不是砖墙，却贴上类似砖的贴面，更有甚者在刷了砖色的混凝土墙上勾勒几笔白色的砖缝。城市化进程如车轮轰然而过，不可阻挡；而地域主义所追求的对当地技术与材料的充分利用，却与这个过程南辕北辙。

（4）去符号与寻求差异的矛盾

前文提到过美国学者埃格那的观点，批判的地域主义集普遍性与特殊性于一身，这是自相矛盾的。之所以会产生这种矛盾，是因为地域主义被加上了"批判的"属性，承担了建立范式的职责。如果只讨论地域主义本身的话，它的一个重要特点就是彰显属于地区的特殊性和差异性，因此，对地域传统中某些特征要素的再现，是实现建筑地域主义表达的最佳方式。然而，理论上去除符号的愿望，以及通过建构方法探求本质的意图，都与实践需要遵循的规律相悖。

（5）中国建筑师试图解决矛盾的尝试

尽管现实问题繁多，但中国建筑师们一直在不断实验。

20世纪80年代末90年代初在北京进行的菊儿胡同改造工程，既是吴良镛对"有机更新""新四合院"住宅模式的探讨，也是当代中国建筑地域主义实践的开端。他反对不假思索地推光重建，提倡以融入的方式进行可持续的更新与改造。菊儿胡同用两三层的建筑塑造合院，以合院为单位，形成生活组团，胡同串接在组团之间；街坊—里巷—合院，展现出一个从城市各个层次，寻找内在肌理的过程。尽管在人造环境与自发条件的矛盾上，菊儿胡同起到了调和作用；但形式上刻意采用南方民居的粉墙黛瓦、雕花长窗的做法，又违背了陌生化的理论要求。

2000年，12位亚洲建筑师受SOHO中国之邀，在北京市郊联合建造了一片"长城脚下的公社"。作为威尼斯双年展的参展作品，这个酒店群在设计上凸显了新时代的建筑师对"地域主义"的思考。日本建筑师隈研吾的竹屋，采用内灌混凝土的竹材，保证材料韧性与强度；建造上充分利用竹与竹的穿插，结合水面，形成颇具园林意味的空间。对单一材料的全方位的思考，充分发掘其特性，扩展其用途，是手工艺与标准化建造最大的差别。张永和的二分宅则是对夯土墙的一次实验，混凝土条形基础承载厚重的夯土墙，内部是木框架结构；空间上两个体量以"人"字形与山共同构成宅后的院，显出于人造环境对自然条件的融入。

2008年，刘晓都、孟岩的团队都市实践，在广州进行了一次低收入者集合住宅的实验，名为"土楼公舍"。这是一个有明确原型的建筑，客家土楼的防御性、向心性等基本特点，都在这个建筑中有所体现。尽管土楼公舍的大体量与内向性令其与周边环境脱节，有以人造环境霸凌自然条件之嫌，但这个建筑的重要之处在于，尝试为低收入人群提供住处的同时，增强邻里社会氛围，隔绝外部不利影响，这在当代中国的建筑地域主义实践中，是不多见的。

2016年，杭州绿城设计（GAD）在东梓关村建造了充满江南民居色彩的农民回迁房。这组作品以巷弄、院落、黑白的连续屋顶为主题，通过两种基本模型的不同组合，形成街道蜿蜒、宅院连绵的空间。白色涂料涂抹外墙，深色瓦屋顶形断意连，塑造出吴冠中画里所展现的江南情景。

除了以上提到的建筑师与作品，当代建筑的地域主义实践还有许多案例，大部分作品关注的重点在场地与形式，因其在表达上更明确、更易理解，或者说更"熟悉"；技术与社会方面的困境未得到足够的重视。关于他们在住宅领域所采用的设计手法，后文会有更详细的论述。

第三章

符号消长：
住宅的演变历程

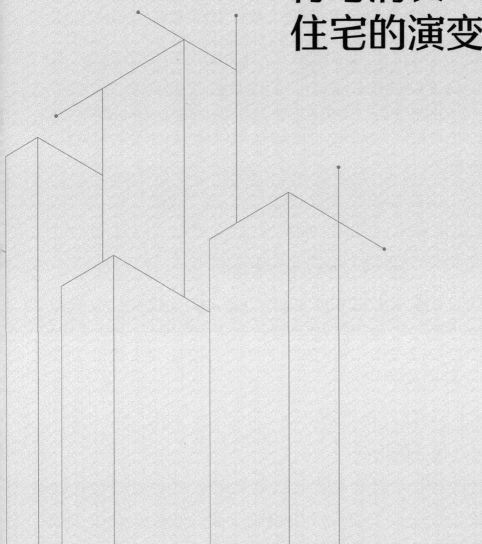

上一章中我们讨论西方建筑地域主义理论时，重点关注了当代影响最大的批判的地域主义理论在20世纪经历了怎样的重建与争论才最终逐渐成形。当西方世界为了国际式和地方性的合法地位争得不可开交之时，当芒福德为了提倡湾区风格而举办展览、著书立说之时，中国刚刚经历完两场连绵十数年的战争，城市一片废墟。

中华人民共和国的成立带来了一大批住宅的建设，此时人们的心目中并没有"建筑地域主义"的概念，但就像西方人19世纪时经历的那样，依靠中国数千年传统积累的建筑类型，以民族象征性符号为标志的建设仍然毫无阻碍地开始了。

如今回望那个时期，尽管没有提出"建筑地域主义"的口号，但以建筑形式划定文化疆界的行为，无疑是具有强烈地域意识的。这种地域意识曾经在一段时间里逐渐消减，直到改革开放为中国带来文化发展的新局面，住宅商品化改革与全球化浪潮又让建筑领域的地域意识逐渐复苏，传统建筑文化才能够以重新集结而成的符号形式再次彰显或消隐于住宅设计之中。

住宅发展中的地域表达与符号息息相关

在现当代中国，社会的整体政治经济状况始终自上而下地对建筑包括住宅设计领域产生影响，这也能够解释为什么在建筑地域主义表达中，尽管起起落落，但除了地域意识极度消减的时期，经由符号进行的地域表达始终占据着一席之地。本章的论述，依据这种自上而下产生影响的逻辑线展开。

一、建符号：民族的形式

中华人民共和国成立之前，中国经历了长期战争，经济与文化境况内外交困。中国的城市住宅在抗日战争与内战的连续打击下几乎停止了新建，只有少量地区，如战争中的孤岛上海租界，成都、重庆等西南内陆城市，由于人口导入才有机会进行了一定量的住宅建设。随着1949年和平时期的到来，国家开始着手解决战后的住宅短缺问题，以简洁高效的方式开始快速建设。与此同时，中国文化界也终于能够赢得一个休整时期，重新思考其处境与未来。

1. 社会主义的内容，民族的形式

中华人民共和国成立的最初一段时间中，社会整体政治氛围对建筑领域最重要的影响就是"社会主义的内容，民族的形式"这一设计指导方针。"在城市住宅建设上，一套标准设计方法的居住区形式开始被广泛应用。"（吕俊华，彼得·罗，张杰，2002）"社会主义内容，民族形式"与"社会主义现实主义创作方法"在中国传播并产生深远影响，从一句口号迅速上升为建筑设计的指导思想。

民族文化宫

1958年，为迎接中华人民共和国成立十周年，中国政府召集建筑工作者，经过一年的设计与施工，在1959年10月完成了首都十大国庆工程。但在"建国十周年"这样的政治主题下，民族形式再一次显示出它在地域与自我认同方面的强大力量。"十大建筑"包括人民大会堂、中国革命博物馆和中国历史博物馆（两馆属同一建筑内，即今中国国家博物馆）、中国人民革命军事博物馆、全国农业展览馆、民族文化宫、民族饭店、北京工人体育场、北京火车站、钓鱼台国宾馆、华侨大厦，其中既有民族文化宫、北京火车站这样的大屋顶建筑，也有人民大会堂这样的方盒子建筑。"十大建筑"在一年内设计完工，技术复杂、工程浩大，被《人民日报》盛赞为"我国建筑史上的创举"[①]。其中，民族文化宫、农业

全国农业展览馆

北京火车西站

---

① 转引自邹德侬，王明贤，张向祎. 中国建筑60年（1949—2009）：历史纵览[M]. 北京：中国建筑工业出版社，2009：47.

展览馆、北京火车站都是在现代建筑形式上叠加中国古典攒尖屋顶角亭,这种对"民族形式"的直白解读,尽管从功能上来说没有形式生成的必然性,但影响力却十分深远,甚至到了20世纪90年代初北京火车西站设计时,仍然采用了同样的手法。

2. 住宅大街坊布局与中国传统形式

建筑行业的整体环境反映在住宅上,同样展现出民族情感的影响。新华通讯社1952年在《世界知识》杂志刊登西方国家普通住宅与波兰、罗马尼亚等社会主义国家工人住宅的对比图画,用西方国家居住环境的恶劣,凸显社会主义工人住宅的整洁、有序与完善。当时的新华社副社长吴文焘,在波兰首都参观了一片新的住宅区后,也曾特意撰文赞扬其规划布局的整齐、人员分配的合理、建筑形式的漂亮。大街坊式的规整布局,在当时备受推崇。

当时提倡以加大进深、减小开间的做法从降低造价,以取消起居、廊式布局的方法增加独立房间,而住宅标准化、构件定制的做法则是大量性住宅建设的基本保障。与此同时,他们还提倡民族形式与环境美化。当时在中国广泛采用的周边式居住小区,就是大街坊布局。

(1) 大街坊布局的典型代表:百万庄小区

建筑大师张开济20世纪50年代初在北京设计的百万庄住宅小区,正是大街坊格局住宅的一个典型案例。百万庄位于北京西郊,原先叫作"百万坟",是城市居民的墓地。后来陆续有逃荒来京的人在此搭棚居住,渐渐发展出一个聚居地"百庄子"。1949年以后,这里被选作政府公务员的居住区之一,重新命名为"百万庄"。在区块命名上采用

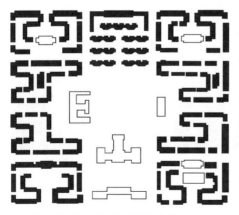

吸收了大街坊布局及中国八卦图形的
百万庄小区

百万庄坡顶红砖的建筑形式,不同于北京传统建筑
常用青砖,选择红砖是外部影响的结果

百万庄阳台墙上的回纹浮雕

百万庄入口屋檐下的云纹装饰构件

了十二地支的前九支：子丑寅卯辰巳午未申。这种颇具中国传统文化意味的命名方式在中国住宅建筑中至今恐仍属孤例。这里的老街坊对各个区域也有自己的称呼，对应子鼠、丑牛、寅虎、卯兔、辰龙等，不同区的楼房被称作鼠楼、牛楼等。

居住区的整体规划，是在大街坊布局的基础上，结合中国古代八卦图时断时续没有"死门"的形态特征，采取双周边式布局。这种布局在隔声降噪、挡风引流等小环境制造上同样有优势，加上北京对居室朝南的要求不高，因此即便到了今天，百万庄的布局仍然颇具借鉴意义。虽然总体采用周边式布局，但建筑平面组合仍然是单元式。

建筑木屋架、坡屋顶、红砖墙的形式朴素大方。北京的传统建筑以青砖为主，百万庄红砖的使用是吸取了当时流行的建筑风格；就建筑单体而言，中式的大屋顶、建筑单元的檐口、部分墙与栏杆上的回纹与云纹，都是"中国特征"的体现。百万庄对民族形式意象的强调，体现了那一时期的社会集体认知需求。类似百万庄这样吸取周边式街坊布局特点的居住社区，同一时期还有北京国棉一厂生活区、长春第一汽车厂生活区等。

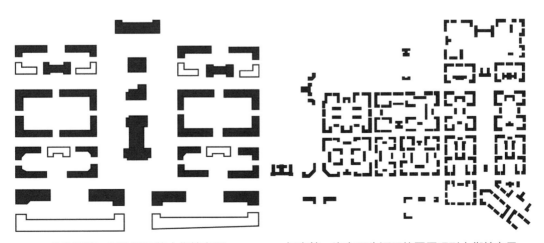

北京国棉一厂生活区的大街坊布局　　　　长春第一汽车厂生活区的圈层环形大街坊布局

（2）中式大屋顶的典型代表：地安门宿舍

梁思成参与意见、陈登鳌主导设计的地安门机关宿舍大楼（1954年），是那个时期大屋顶住宅建筑的代表。地安门宿舍位于北京天安门与地安门贯穿的中轴线上。两座平面L形的军属大院分列地安门大街两侧，高耸的现代式塔楼上，盖着四角攒尖大屋顶，以红漆的圆柱支撑，柱间是绿漆的枋，枋上精心绘制了金色的形式复杂的彩画，中部体量与角部的几个重点位置，采用绿色琉璃瓦顶。檐口、栏杆等细部都进行了精心的雕刻，阳台栏杆与外墙等位置都雕刻了形态各异的云纹，局部墙上还做了方形的漏窗。内院的处理相对简单，较少雕饰，只在楼栋入口位置做了绿色琉璃瓦、回纹漏窗等处理。

地安门宿舍的四角攒尖大屋顶　　　　地安门宿舍外墙上的云纹雕饰与绿瓦披檐

当时这样的宫殿式屋顶在公共建筑中出现得更多，像北京友谊宾馆（1953—1954年）、长春地质宫（1954年）、南京大学东南楼（1953—1955年）、兰州西北民族学院教学楼（1954年）、广州广东科学会堂（1957—1958年）、长沙湖南大学图书馆和礼堂（1955年）、杭州上海总工会屏风山疗养院（1953—1955年）、哈尔滨中共市委办公楼（1955年）、西安建委办公楼（1950年）、济南山东剧院（1954年）等，都是类似设计。

（3）街坊式布局结合国情的改进做法

1955年大屋顶批判的风潮带来了反浪费的建筑方针，此后国家进一步发展了一个指导中国建筑创作直至改革开放后的十四字方针：适用、经济，在可能条件下注意美观。

住宅建筑在突然收缩的成本控制下，户型设计标准一压再压。由于之前没有结合国情，在居住面积和建筑空间组织方式上照搬其他国家的大街坊组织方式，因此造成了一些"水土不服"，比如由于居住标准定得过高，只能几户合住的问题。而设计标准降低后，每户的面积和房间数减小，内廊式住宅无法保证一部楼梯服务多户且每户的通风朝向不出问题，因此这个时期出现了一批外廊式住宅。

华揽洪主持设计的北京右安门实验住宅与北京幸福村，正是其中代表。总平面尽管不是标准的方正大街区，但并没有完全摆脱大街坊的影响，仍然采取了周边围合形成街坊的做法。不过这种布局以及外廊组织空间的方式后来也受到了一些诸如"浪费土地，浪费资金，分配不灵活，夏热冬凉，闷不通风，干扰性大"（朱兆雪，郑惠芬，1957）之类的批评。

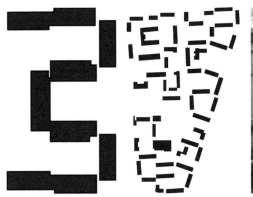

半围合的北京右安门外廊式实验住宅　　北京幸福村形态自由的围合街坊　　北京幸福村立面，能够看到每层连通所有住户的交通外廊

二、无符号：厉行节约与意识消减

1. 反对浪费，突出节约

中华人民共和国成立之初的很长一段时间里，我们的建筑设计都是遵循一种模板而进行的，随着时局的变化，打破条条框框的口号被提出并践行了。建筑设计被要求坚守"适用、经济，在可能条件下注意美观"原则，这一时期的建筑，最突出的特征就是政治上的正确与经济上的谨慎。其中政治上正确的代表作品有四川毛泽东思想胜利万岁展览馆（现为四川科技馆），这个平面布局宛如"忠"字的建筑群体，整体设计带有很强的政治符号。而在没有完全消失的地域特征探索中，不同于中华人民共和国成立之初的丰富雕饰，大部分建筑以简洁的手法、质朴的形式来完成，其中代表性的作品有广州白云宾馆、广州少年宫等。

2. 住宅设计的地域表达：符号与地域特征同时消失

这个时期中国的城市住宅设计逐渐进入一种极其节约的阶段：一方面极力压缩单位造价，另一方面尽可能减少使用钢材等紧缺材料。比如哈尔滨就出现了土坯三层楼房的"四不用"大楼，即不用钢铁、水泥、木材、红砖。城市建设几乎停滞，城市规划部门、房产机构萎缩，住宅建设在投资与数量上都大幅度下滑，住宅建设标准下降到极低标准，包括平面形式近似集体宿舍的"干打垒"住宅、适合家庭居住的小面积住宅等。由于对计划生育的批判，以及医疗水平的提高，这个时期国内人口大幅度增加，城市用地的日渐紧张带来了高层住宅的出现，尤其是在上海等大城市，居住区规划密度也提高很多。在立面形式上，设计极尽简朴，几乎没有装饰。总的来说，以下几种典型的住宅类型出现在极度强调节约以及经济确实困难的时期，住宅设计中符号与地域特征同步湮灭。

（1）城市人民公社住宅

由于处于次要地位的住宅建筑，需要全面让步工业生产，因此住宅设计中的节约原则在这个阶段发展到了极致，建造出的住宅质量一般。为消灭城乡差别、工农差别、体力劳动与脑力劳动差别这"三大差别"，出现了城市人民公社，这些居住区功能复杂、生活集体化，个人与家庭生活空间则十分简陋。一些原本属于家庭生活范畴的活动被安排统一完成，如各户不单设厨房，集体在食堂就餐，拆洗缝补的工作也是集体完成。国家的方针政策，国家对经济社会发展的主次顺序要求，直接反映在建筑设计领域。此时人们的信念都集中在建设社会主义上，居住和生活处于相对次要位置。

北京的崇文人民公社"安化楼"，是这类住宅的一个典例。安化楼的平面布局是一个U字形，内廊连接全部居住单元，所有居住单元都是同样的两居室+卫生间，一层楼共用两个公共厨房。建筑外形雕饰全无，能够清楚地看到几条白色的雨水管沿着平整的外立面从屋顶一直延伸到墙脚。内部从设施到装饰也都十分简陋。

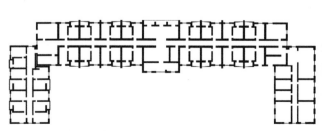

安化楼U形的平面，几乎相同的居室布局　　安化楼简朴的沿街立面

内廊　　　　　　　　公共厨房　　　　　　　　底层公共区域

（2）平面设计略有差异的"地区性"住宅

尽管这个时期国家对住宅面积标准有严格把控，但1959年各地设置当地的标准设计机构以后，住宅平面类型依据各个地区的气候情况有细节上的地域差异，如考虑拔风采光的上海蕃瓜弄天井住宅；在没有集中供暖的时代，东北住宅中火墙的设置；以及南方炎热地区，为了保证每户都有穿堂风，减少厨房对居室的热辐射而设计的"外廊两把锁"。《建筑学报》1960年曾刊登过一系列按照地区区分的住宅设计方案，像安徽省地区住宅设计方案、贵州地区住宅设计方案、山东地区住宅设计方案等，不同地区的住宅在设计时主要考虑人们居住的基本需求、户室配比等因素，也会适当关注地形、降雨、气温等自然条件的影响，但并不关注文化习俗等方面的差别。

上海蕃瓜弄天井住宅　　1974年黑龙江的住宅方案设计中　　广东文冲造船厂在居住外廊设置的两道
中用于拔风采光的　　　　　　对火墙的考虑　　　　　　用于隔绝厨房热辐射的门
　　　天井

20世纪60年代初，建筑领域逐渐开始寻找基于自身文化语境的出路。中国建筑界重新认识和重视专属于自己的历史与价值，因而对传统民居形式的研读和地方特色的拓展，在这一时期有所发展。

"在1961年的湛江会议和1963年的无锡会议上的住宅建筑方案评选中，出现了适合炎热地区的天井住宅、适合寒冷地区的东西向住宅、能节约用地的大进深住宅和内天井住宅、适合复杂地形的独立单元式住宅以及错层住宅等新的尝试。"（吕俊华，彼得·罗，张杰，2002）徐强生、谭志明在1961年的文章《探求我国住宅建筑新风格的途径》中，谈到了学习和运用传统手法创造住宅新形式，规划与空间上有北京道路系统大小分明的居住街坊，上海的街巷布局体系，南方民居中变化丰富的庭园；材料与形式上有北方屋墙厚重、构架粗壮，南方屋面陡、出檐深、起翘大；色彩与细部上有朴素淡雅的木色与清淡的彩画，结构构件与装饰两种用途的统一。

（3）"干打垒"住宅及其衍生出的极低造价住宅

1960年，中国处于"三年困难时期"，在东北自主开发大庆油田，进而开发出了"干打垒住宅"，这种住宅采用了当地干打垒墙体的做法，平面上每户两居室，厨房进门或墙采暖，极大地节省了材料与造价。"干打垒"精神成为榜样，被推广到全国。1965年毛泽东号召展开"设计革命"，支持降低住宅标准的做法，1966年3月21至31日，中国建筑学会在延安召开第四届代表大会及学术会议，交流低标准住宅、宿舍的设计经验。1966年，《建筑学报》刊登了多篇关于如何在住宅设计与建设中"发扬'一厘钱'精神"的文章，提倡以最省钱的方式完成住宅建造。这个时期出现了很多简易楼，用走廊将一个个房间连接起来并设置集中供水和厕所。天津市建筑设计院20世纪70年代在市内旧房改建与大南河工业区新建了一批"工业废料干打垒"和"一般材料干打垒"的住宅。砖砌台子，再以电石灰、粉煤灰、炉渣配成的工业废料，或白灰与炉渣配成的一般材料，填入木模板拌合夯实成干打垒墙体。

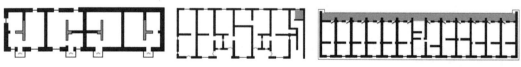

大庆干打垒住宅平面，厨房入户，设置火墙，烟道兼顾厨房与火墙　　成都百花村住宅平面，设置通过式厨房，全层共用一个楼内厕所　　北京崇文区外廊住宅平面，每户布局相同，外廊既是交通又是厨房

在严格的成本控制下，住宅形式趋近于最简单和最省钱，因而也不存在任何因地域意识而生的符号。在一些地区的住宅建设中，即便不采用"干打垒"的筑墙方法，但类似的布局简单、成本极低的住宅也比比皆是，例如成都百花村住宅，单位造价34.42元/m²，北京崇文区外廊住宅，单位造价29.5元/m²。

（4）形式单一的高层住宅

20世纪70年代初，为了响应中央保护耕地，城市向空中发展的方针，北京、上海等大城市开始出现高层住宅。为了节约用地，这些住宅多以底商上住的形式出现，进深较小，多有北外廊连接各户。其中比较典型的案例是北京前三门高层住宅。

前三门大街是横贯北京市中心、平行于长安街的交通干道。1970年地铁完工后，地上修了宽阔路面,在道路与护城河改的暗沟之间,出现了一条宽17~37m的狭长地带,沿线平房密布、人群聚集、生活设施短缺,亟待改建。1975年政府决定在前三门大街南侧建设高层住宅,以解决职工住房短缺的问题。这部分高层住宅采取统一规划、统一投资、统一设计、统一施工、统一分配,以及逐步实现统一管理。整条街在规划上以前门广场、崇文门、和平门、宣武门为重要节点,安排旅馆、招待所、饭店、餐馆、商业、办公、公园、影院等功能,节点之间的一般地段安排住宅,板塔结合。

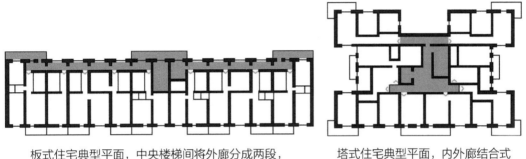

板式住宅典型平面,中央楼梯间将外廊分成两段,通过室外平台相连　　　塔式住宅典型平面,内外廊结合式

前三门的住宅建筑群,是北京第一次大规模采用大模板建筑体系以及工业化施工。住宅面积结合北京市甲类住宅的要求与多层住宅使用电梯以及响应增加公共走道面积,最终确定每户面积55m²。平面尺寸采用三种基本开间、两种基本进深的做法。依据不同的交通组织与单元组合方式,共有四类板式住宅,三类塔式住宅。板式住宅均有较长的通廊联结各户,既有笔直的外廊,也有迂回曲折的内外廊结合。塔式住宅则有外廊式、内外廊结合式、内廊式三种类型。

立面处理上前三门住宅是符合节约原则的简洁处理,没有额外增加一些曾经在高层建筑里会用的大挑檐、墙垛或装饰,只在一些挑阳台、花墙之类的细部略作变化,色彩使用以暖色、浅色为主,整体上追求内容与形式的统一,完全不同于20世纪50年代追求民族形式阶段的形式符号叠加。

(5)无地区差别的通用住宅设计

1974年9月5日至16日,全国住宅设计经验交流会在京召开,会议召开期间举办了住宅设计图片展,不同省市和地区展示了他们的通用住宅设计方案。由于"独立自主、自力更生、艰苦奋斗、勤俭建国"的方针仍在贯彻,这些住宅虽然天南海北,但却在总体布局、户型平面以及立面设计上都呈现非常多的相似性。

相较于20世纪50年代初百万庄小区、国棉一厂生活区等住区的大街坊规划方式,20世纪70年代代表性的住区布置则变成了南北行列兵营式排布,因而形成了许多郑时龄院士后来提到过的"原功能主义"①住宅区。这些住区的规划,已经完全看不到曾经周边式布局的影子。

马鞍山市雨山住宅区　　上海石油化工总厂住宅区　　北京龙潭小区

20世纪70年代中国各地的住宅方案比较

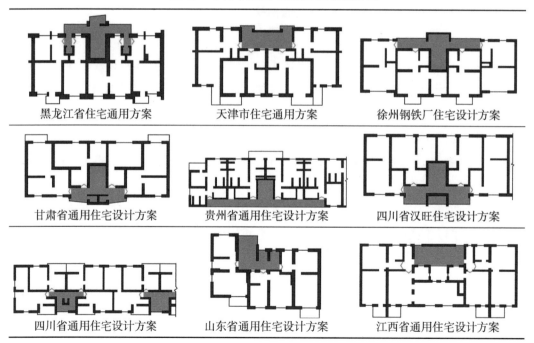

黑龙江省住宅通用方案　　天津市住宅通用方案　　徐州钢铁厂住宅设计方案

甘肃省通用住宅设计方案　　贵州省通用住宅设计方案　　四川省汉旺住宅设计方案

四川省通用住宅设计方案　　山东省通用住宅设计方案　　江西省通用住宅设计方案

在户型构成上,这个时期的住宅呈现很大的同质性。住宅高度大多在4~5层,以楼梯竖向交通为核心的单元式构成,一梯三到四户,户均建筑面积在30~40m²之间,通

---

① 郑时龄在《当代中国建筑的基本状况思考》(2014)中提到:然而也出现了一种原功能主义倾向,这可能是绝大部分大量性建筑,追求数量的建筑所采取的道路,保障性住房以及一大批低造价、缺乏良好规划的社区和住宅区建筑采用了这种方式。

常为一室户或两室户，厅的面积较小。无论是南方还是北方，寒冷地区还是炎热地区，这些住宅的外部形体设计也呈现很大的相似性，立面上除了规则的矩形窗洞以及偶尔凸出的阳台，没有多余的装饰线条与形体变化，屋顶均为平屋顶，朴素简洁，重复率很高。通用住宅的设计，更多的是考虑以低廉的价格完成对居住基本要求的满足，地域间的差别，文化上的表现力不是这个阶段的重点，因此自然呈现出符号性与地域性的同时消失。

（6）思想上对传统建筑文化的排斥

跟之前以及之后的时代不同，20世纪70年代对传统建筑文化的排斥是广泛的，同济大学五七公社建筑学专业理论小组曾专门发文批判过传统民居的设计。他们在《批判古代建筑设计中的儒家思想》（1975）一文中，批评四合院是为了满足封建家长制而产生的，宗法和等级观念严格制约了住宅建筑。造房子所讲究的风水，布局依据八卦方位所定的"坎宅巽门"，高墙深院的围合，建筑中设的祠堂等，都是浪费和迷信。而集约、统一的工人住宅，才是正确的住宅建造方式。

显然，由于无限度的提倡节约，这个阶段的住宅建筑，最突出的特点就是低价与简陋。这种居住模式是属于整个城市甚至整个中国的，它跟世界上其他地区其他时代任何住宅建筑或居住群都不同，它独属于当时的中国，具有强烈的时代烙印。

随着1978年十一届三中全会召开，中国住宅建筑作为经济与文化产业的一部分，地域认知逐渐复苏，慢慢从无差别地追求节约的同质化阶段走出来，进入标准与多样共存的时期，而设计中的符号表达与地域特征也同步恢复了。

三、再符号：复苏的身份认知

1. 经济发展与文化开放

20世纪80年代是中国改革开放的第一个阶段，在这个阶段，中国发生历史性的转型。政治上拨乱反正，经济上重点转移，文化上逐渐开放。邓小平肯定了"实践是检验真理的唯一标准"，为知识分子平反，强调了"科学技术是第一生产力"的观点。中共中央在十一届三中全会上做出了把工作重点转移到社会主义现代化建设上来的战略决策，在经历了几年的调整、试验与反复之后，中国经济在1984年到1988年有了一个飞跃。经济发展为文化的开放奠定了基础，而宽松的创作环境则为文化的多元与繁荣提供了保障。

从这个时期开始，国家将中心任务放到了发展国民经济、建设社会主义现代化上来，城市化水平不断提高，城市人口与数量大幅度增加。改革开放初期，中国城市住宅完成了从福利住房体系向保障住房体系转变的过程，并进一步向商品住宅转型。这一阶段需要解决的主要问题在于住房短缺，需要尽快建造大量的住房以应对需求；在增加投资的基础上，居住区规划与设计都围绕节约用地、提高居住密度展开。与此同时，在特殊历史时期受到压制的地域意识也开始复苏，住宅和公共建筑领域都开始出现表现传统文化与现代建筑设计方法结合的作品。与中华人民共和国成立初期相比，这个时期的地域意识中所包含的政治内涵明显淡化，经济和文化因素开始占据越来越重要的引领地位。

2. 公共建筑中的地域主义意识

政治、经济、文化的发展为建筑创作繁荣提供了条件，以旅馆建筑为先锋，在公共建筑领域，20世纪80年代迎来了一轮地域主义浪潮。这个浪潮也可以看作后来住宅建筑地域主义创作的前哨。

（1）地域主义建筑创作的三次高峰之一

关于地域建筑创作的繁荣，邹德侬、刘从红、赵建波的《中国地域性建筑的成就、局限和前瞻》（2002）与戴路、王瑾瑾的《新世纪十年中国地域性建筑研究（2000—2009）》（2012）两篇文章，有过比较详细的讨论。这两篇文章以大量案例为基础，分析了地域性建筑实践在中国数十年的发展历程。

前文一方面表达了对现当代中国地域性建筑创作的高度肯定，另一方面也提出对"形式本位""技术手段落后"等方面的忧虑。文中大致区分了"传统""地域""民族""方言"等几组概念，但也指出这四组概念相互渗透、彼此密不可分，定义地域性建筑为"以特定地方的特定自然因素为主，辅以特定人文因素为特色的建筑作品"（邹德侬，刘从红，赵建波，2002）。作者认为中国建筑师有一个"发扬地域性"的亚情节，中国地域性建筑的发展经历了20世纪50、60、70年代的三次浪潮，在大量实践中逐渐发展出"自然天成、时代特征、文化内涵和环境意识"（邹德侬，刘从红，赵建波，2002）等四项成就，未来的主要任务在于促进可持续发展。后文则着眼于2000年以后的案例，从环境、技术、文化、可持续发展、人文生活等五个方面解析地域性实践，认为现代技术正在设计过程中起到越来越重要的作用。同时，作者通过对近年来核心期刊发表建筑作品的数量统计，发现有关地域文化的讨论虽多，实践却远远跟不上，且价值观受西方影响很大。在地域性建筑未来的发展上，他们通过数据对比，认为大型建筑方面有比较大的发挥空间。但基于单纯数据对比的分析，没有考虑一种创作思维是否应当适用于全部功能类型的问题，因而对未来展望的结论值得商榷。

基于前辈学者的研究，本文定义新中国建筑地域主义创作的三次高峰，分别位于20世纪50年代、20世纪80年代与21世纪前10年。20世纪50年代追求传统性、纪念性、政治性，即上文所述"社会主义的内容，民族的形式"，20世纪80年代追求本土与现代的彼此结合，新世纪则追求文化身份在全球化浪潮中的重新建构。

新中国成立之前，中国第一代主流建筑师曾经试图将现代主义的思想引入中国，然而政治局势的变化令他们失去了这个机会，当改革开放代表的新时期来临时，与国际建筑界重新建立联系成为触动建筑创作繁荣的开关。封闭的环境不能带来对地域文化的思考与挖掘，反而是外来理念的刺激让中国的建筑师们重新掌握了寻找地域文化价值的工具。这一时期的欧美，英雄式的现代主义渐渐淡出，阿尔托、西扎、柯里亚、安藤等关注本土文化的建筑师崭露头角；建筑理论方面，以罗西为代表的新理性主义、以文丘里为代表的后现代主义、以塔夫里为代表的威尼斯学派、以诺博格·舒尔茨为代表的建筑现象学理论纷纷涌现，紧跟着的还有由佐尼斯与勒费夫尔提出，再由弗兰姆普敦推广的批判的地域主义理论。当后现代、解构主义的思想伴随着形式各异的建筑来到中国建筑师的视野中时，研究外国建筑与重建近现代中国建筑话语的热情也同时在他们心中迸发。

开始接触更广阔世界的中国建筑师们，启动了新一轮有关"地域性"的思考与设计，这一阶段的尝试，以传统符号特征与现代技术方法结合的公共建筑为主，如冯纪忠的上海松江方塔园，贝聿铭的北京香山饭店，齐康的福建武夷山庄等。

（2）本土与现代结合的建筑实践

新中国成立以后，建筑地域主义在中国，始终多少承担着宣传任务，这也是为什么在20世纪50年代、20世纪80年代中国的两次地域性建筑大潮中，纪念性建筑、旅馆建筑居多，而普通住宅只是作为实验和陪衬。邹德侬曾对改革开放初期中国涌现的地域主义建筑做过一个全面的评述，从中不难看出上述情况。

改革开放初期地域主义建筑创作典例

名称	建成时间（年）	功能类型	地点	设计单位
华清宾馆	1978	旅馆	临潼	中国建筑西北设计院
楼外楼	1979	商业	杭州	杭州市勘察设计处
吐鲁番招待所	1980	旅馆	吐鲁番	新疆建筑设计研究院
花家山宾馆4号楼	1981	旅馆	杭州	浙江省建筑设计院
方塔园	1981	园林	上海	同济大学建筑系
朱德纪念馆	1982	纪念	仪陇	四川省勘测设计院

续表

名称	建成时间(年)	功能类型	地点	设计单位
西湖阮公墩云水居	1982	园林	杭州	杭州市园林规划设计处
江苏省画院	1982	文教	南京	江苏省建筑设计院
香山饭店	1982	旅馆	北京	贝聿铭事务所
武夷山庄	1983	旅馆	武夷山	南京工学院建筑研究所/福建省建筑设计院
新疆友谊宾馆3号楼	1984	旅馆	乌鲁木齐	新疆建筑设计研究院
新疆石油工人太湖疗养院5号疗养楼	1985	医疗	无锡	同济大学建筑设计研究院/建筑系
西郊宾馆	1985	旅馆	上海	华东建筑设计院
新疆人民会堂	1985	纪念	乌鲁木齐	新疆设计研究院
新疆人大常委会办公楼	1985	办公	乌鲁木齐	新疆建筑设计研究院
新疆科技馆	1985	观览	乌鲁木齐	新疆建筑设计研究院
环城公园	1985	园林	合肥	合肥规划局
太湖饭店	1986	旅馆	无锡	东南大学建筑设计研究院
南平老年人活动中心	1986	文教	福建	福建省建筑设计院
陶行知纪念馆	1986	观览	上海	上海市建筑设计研究院
新疆伊斯兰教经学院	1987	文教	乌鲁木齐	新疆建筑设计研究院
龙潭公园	1987	园林	柳州	柳州市园林局
九寨沟宾馆	1988	旅馆	四川	中国建筑西南设计院
北京植物园盆景园	1988	园林	北京	北京园林古建筑设计研究院
天台赤城山济公院	1989	园林	天台山	东南大学建筑研究所
绍兴饭店	1990	旅馆	绍兴	浙江省建筑设计院
菊儿胡同	1990	居住	北京	清华大学建筑设计研究院
清华大学图书馆新馆	1991	文教	北京	清华大学建筑设计研究院
北斗山庄	1991	旅馆	荣成	同济大学建筑与城市规划学院
中国民俗文化村	1991	园林	深圳	天津大学建筑设计研究院
福建省画院	1992	办公	福州	福建省设计院
龟兹宾馆	1993	旅馆	库车	新疆建筑设计研究院
丰泽园饭庄	1994	旅馆	北京	建设部建筑设计院
现河公园	1994	园林	平度	天津大学建筑系
世界之窗的世界广场	1994	园林	深圳	天津大学建筑设计研究院
福建省图书馆	1995	文教	福州	福建省建筑设计院

注：本表作者依据邹德侬《中国建筑60年（1949—2009）：历史纵览》文中内容进行整理。

这些公共建筑所透露出的地域意识是建筑师思想的反映，因此当时代发展到一定阶段，当住宅建筑后来终于能够在关乎文化而不仅仅是解决功能问题的层面出现时，地域主义思想，就能实现转移和过渡；毕竟对于城市来说，住宅所占的比重及其与人生活关系的密切度，远高于其他一切类型。

20世纪80、90年代，中国处在改革开放初期，与世界的联系正在慢慢恢复。建筑师们在这一阶段的地域性实践，不可避免受到外部状况的影响，但他们仍在不断进行突破与尝试，为之后的建筑地域主义实践奠定了良好的基础。正如邹德侬先生所说："地域性建筑是中国建筑师最具独立精神、创作水准最高的设计倾向。"在技术日臻成熟，文化影响力日渐强大的今天，中国建筑的地域性实践，也在从"形式本位"的窠臼中脱离，试图打开一条不同于以往朴素地营造"熟悉感"的方法，以更具批判性的思考方式，重新塑造当代中国建筑。

何陋轩北门，现代钢构架支撑的错动坡屋顶设计，上覆瓦面

（3）地域主义公共建筑的典型案例

①方塔园

在改革开放初期的众多地域主义建筑作品中，上海松江方塔园打破了中国传统形式的部分规则，是现代建造与本土意识结合的先行者。尽管这是一个以方塔为中心的历史文物园林，但建筑师要完成的任务，绝不是单纯的叠山理水。面对宋代的方塔、石桥，明代的照壁、楠木厅，清代的天后宫，曾留学欧洲的冯纪忠先生，在方塔园这个"中国园林"中，圆融地置入了现代建筑的构成。

何陋轩中竹与草的本土性，形式与结构的现代性彼此结合

园子北门用钢管做成柱子，角钢及螺丝钢做成构架，小工字钢做屋面和檩子，最后铺上木板，盖上瓦片。尽管以传统材料瓦做表面形式，但清晰可见的现代钢构架，以及双坡屋顶在屋脊处错开的形态，都是对传统形式与材料的重新演绎，而不是复述与模仿。

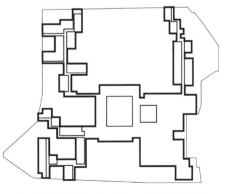

香山饭店的园林式布局，用廊联结分散但形式规整的功能空间

与之对比，方塔园的另一个代表性建筑何

陋轩中，建筑师又采取了另一种表达方式。何陋轩的主材是竹子搭成的结构，上面覆盖草顶，在材料极尽"本土"的情况下，建筑形式的选择就是几何的与现代的。何陋轩的屋面吸取了上海市郊农舍四坡顶弯屋脊的形式，用尖顶四周大块面低垂的屋檐，屋面上剪开的口子，与三角形几何搭接的竹结构，既形成古今的彼此映衬，又共同构成了一个气质独特的水岸空间。

无论是瓦顶钢柱的北门，还是几何形竹结构的何陋轩，二者在材料和形式之间、传统和现代之间的平衡与游走，是很多当代建筑师时至今日表达地域主义仍在沿用的逻辑。冯纪忠先生也在文章中提到过他的这一思路："通过方塔园规划，我们感到继承传统主要应该领会其精神实质和揣摩其匠心意境，吸取营养，为我所用，不能拘泥形式，生搬硬套。"（冯纪忠，1981）

②香山饭店

改革开放之后引入中国的第一个外国建筑师作品，就是颇具园林情怀的香山饭店。这个可称为中国现代建筑话语开端的作品，由华裔建筑师贝聿铭设计，在1982年完工。这座建筑整体布局依山就势、开敞舒展，用曲折的连廊串接起不同的功能空间，意指中国园林的组织方式。

形式上大量采用中国传统民居的要素，如庭院、漏窗、硬山墙坡屋顶、白墙、青砖、木材、山石等，但与此同时，其方盒子、几何加减、形式与结构逻辑协调的做法，又体现出现代主义的主导性影响。从贝聿铭在美国完成建筑学习的个人经历，以及擅用几何构成（华盛顿国家美术馆东馆、香港中银大厦等）的设计特点，不难理解现代主义在他创作中不可或缺的地位。香山饭店建成之初，或是出于宣传考虑，赞扬其"结合了现代科技和传统文化的长处"（彭培根，1980）的声音不绝于耳，但也有认为"谈不上'继承和发展了传统遗产'"（荒漠，1983）且工程花费太大的质疑。无论香山饭店从根本上是应当归于"现代建筑"还是"地域建筑"范畴，其作为国际语境中探讨地域主义可能性的开端地位，却是不容置疑的。香山饭店自设计阶段起，无论设计者贝聿铭，还是各方评论者，始终都强调其双重身份：既是传统、历史、民族性的体现，又是材料技术、形式逻辑现代性的表征。尽管在不同时期，讨论的重点略有偏差，但整体上仍然可以看作是一个现代建筑的观点向中国本土融入的作品。

③武夷山庄

除了与西方建筑体系接触深的建筑师，中国本土建筑师在这一阶段，也在进行有意识的地域主义创作。齐康的福建武夷山庄（1983年完工），秉持"应该土生土长，植根于当地文化传统土壤中"（杨子伸，赖聚奎，1985）的理念，希望达成时代特色与地域文化的融合。其总体布局模仿闽北村居的高低错落、随山就势，穿插的坡屋瓦面、入口处的仿木举架，内部的廊亭游走、竹木砖石，外部的红瓦白墙，无一不在表达强烈的地域意识。武夷山庄的设计以乡土建筑形式为外衣，融合了较多的环境考量，如地形、气候、光照等，在空间构成、装饰细部、材料使用上，仍然选择了传统形式符号。

3. 住宅建设对量的急迫需求

改革开放初期，中国城市住宅设计几乎没有套型的概念，直到1987年出台的《住宅建筑设计规范》GBJ 96-86规定"住宅应按套型设计"开始，居住质量才被作为需要考虑的问题纳入住宅设计的体系中来。在这之前，住宅设计需要解决的最大问题，就是出量。

（1）高层住宅建设

改革开放初期的一个抢眼的现象就是高层住宅建设。这一方面是出于节约用地、提高人口密度的考虑，另一方面是因为高楼被一部分决策者与设计者看作城市现代化的标志。从20世纪70年代到90年代中期，"北京住宅建设中的高层住宅比重从最初的10%提高到了45%以上"（吕俊华，彼得·罗，张杰，2002）。在这个高层住宅建设如火如荼的阶段，不乏始终持质疑态度的学者，其中的代表就是张开济。他前后发表多篇文章讨论高层住宅的问题，认为建设高层住宅并不是节约用地的唯一途径，甚至在某些情况下起不到节约作用，而且工程造价高、能源消耗大（张开济，1978）。此外，他提出反对的另一个重要原因是高层住宅对城市历史文化形态的巨大破坏："北京是世界上数一数二的历史文化名城，它的特色之一就是它的非常优美的，富于水平感的天际线，这个天际线把故宫、景山、天坛和北海等建筑烘托得更为出众，可是近十多年来，雨后春笋般出现的高层建筑已经破坏了北京原来的天际线。人们乍到北京，竟很难分辨它是香港或是新加坡了。"（张开济，1990）

（2）"中国式"的开端——低层高密的院落式布局

针对节约用地的要求，以及考虑到高层住宅的种种缺憾，张开济提出了推广"多层、高密度"的规划方式，以及加大住宅进深的解决办法。这个建议是根据中国传统民居，特别是南方民居、上海里弄的组织方式提出的。作为百万庄的设计者，他的担忧和建议反映出当时建筑师群体逐渐自由的心态和复苏的地域意识，除了多层高密的规划方式，他认为院落式布局将会取代行列式，而坡屋顶也将取代平屋顶。这些想法都呈现出向传统民居空间与形式靠拢的倾向，而后来苏州桐芳巷、北京菊儿胡同等住宅的实践，也在一定程度上印证了他的理论。

4. 住宅的标准建设与设计的符号再生

尽管对量的要求导致了例如高层遍地这样的标准化做法，但特殊历史时期清一色行列式住宅所造成的千篇一律，也一并退出了历史舞台。人们开始对居住的环境与美学有所要求，在满足基本生活的前提下，于一定层次上寻求新一轮的形式创新。20世纪80年代是一个迷惘的时期，因为经历了文化断层，城市开始要发生变化了，可是又没人知道怎么变。这种迷惘反映在住宅建筑上，就是标准与多样、国际式与地方化的双线并进。

（1）标准化范式——新村住宅

新村住宅在这段时间里发展迅速，也构成了标准化建设的范本，比较典型的如上海同济新村。作为同济大学附属职工新村，同济新村从新中国成立之初的1952年开始规划建设，直至20世纪90年代才分批次陆续完成。改革开放早期的1980—1987年是它的第二个建设阶段，行列式布局、中小套户型，以及简洁无修饰的楼栋立面，反映了这一时期住宅建筑的普遍特点。整个同济新村面积最小的"鸳鸯楼"，就是这个阶段建造的。这种原本用于解决无房结婚的青年夫妻居住问题的极小户型，不同户之间在平面上相互嵌套，经济合理。后来这种布局形成范例，推广到了20世纪90年代一梯三户的住宅套型设计中。

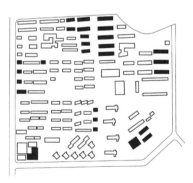

同济新村总图，涂黑部分为
20世纪80年代改革开放初期建造

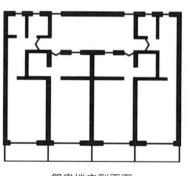

鸳鸯楼户型平面

鸳鸯楼外观

（2）标准做法之外的地域设计改良

1988年建成的无锡沁园新村，是南方地区改良行列式的代表作品。整个住区被风车形的道路分成四个大块，建筑布置板点结合、长短搭配、错动拼接，前后住宅的南北入口相对，以形成小内院。建筑形式吸收了南方民居的形式要素，在一部分板楼的山墙上做了高出屋面的马头墙，并用本地出产的三折波形瓦代替小青瓦压顶；点式住宅的顶部采用挑檐式盝顶。

1989年，北京恩济里开始建造。这个小区在规划构思上以庭院围合为特点，形成组团的方式被认为吸收了北京四合院的形态，内向、封闭、房子包围院子，北向退台增加形体丰富度。四个组团从北向南分别命名为"安、定、幸、福"。小区内大部分房子不超过6层，实现了张开济倡导的"多层高密"的居住规划模式。建筑形式上没有特意追求传统样式，比较利落简洁，只以不同外墙颜色区分不同组团。

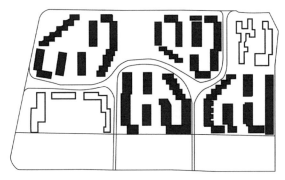

恩济里，多组团周边式布局

恩济里"福苑"现代简洁的形式

（3）合院空间与传统形式符号的组合

依据张开济提倡的低层高密度院落式布局，这个时期不少建筑师利用合院空间与来自传统民居的要素组合，实现传统与地域特征的表达。

①无锡惠峰新村

1984年，南京工学院（现东南大学）开始了一次住宅建设实验：支撑体住宅。这是一次对现行住宅经济体制的改革，城市住宅应当从原本由国家投资的公有制的单一形式，向多层次结构投资，全价或补贴出售给居民的形式上转变。这次实验的目的在于探索一种让住户参与的住宅建设新方式，最终试点工程落在了无锡惠峰新村。

支撑体住宅的基本思路是将住宅建设分为支撑体和可分体两个部分。支撑体包括承重墙、楼板、屋顶以及设备管井，可分体包括内部轻质隔断、各种组合家具、厕所以及厨房的设备。支撑体部分由国家或企业投资，并与设计单位共同完成设计决策，可分体部分由住户个人投资并自由决定设计，真正成为住宅的设计者与建造者。综合各种因素，设计者最终决定从商品住宅入手，在一个支撑体平面的基础上，提供套型内部可能出现的各种布置方案，然后召开登记购房代表座谈会，征求意见。大部分住户都选到了适合自己的平面布局，而少部分如有特殊需求，也可单独处理。单位支撑体依据地形利用楼梯和连接体拼成不同形式的组合平面，又称为"组合支撑体"。

除了住户参与的新尝试，惠峰新村在地域主义形式上也有初步探索。建筑师希望创造具有地方特点的现代住宅建筑，进行一次现代住宅与传统民居相结合的尝试。总平面布局中用台阶式住宅围合成多个庭院，有继承江南民居"街-巷-院"由闹到静的层次体系与传统四合院的意图。"四合院"形的住宅组团是低层与多层相结合的"大天井"式台阶住宅，"成团成组"的住宅群，以院落为中心组织多户家庭活动，又以巷弄为纽带把一组组院落住宅串成一个整体。退台式屋顶增加视线上的通透感，创造邻里交往与户外活动的机会。

建筑师将形式分为"传统形式语言"与"现代形式语言"两种。传统形式语言包括无锡民居中的小青瓦坡屋面、沿街挑楼、高出屋面的踏步形马头墙、入口门头和砖砌的窗头等。而现代建筑语言则是指方盒子、阳台、女儿墙、雨篷等工业化生产体系里的建筑构成。建筑师对二者的态度是"我们不反对这些'现代建筑语言'，但我们不赞成摒弃全部的'传统建筑语言'，我们只反对清一色的'现代建筑语言'。"（鲍家声，1985）因此在设计中二者的结合就是建筑师所提倡的方式，比如采用坡屋顶的形式，但以工业化生产的青平机瓦代替小青瓦，主立面设置"挑楼"增加形体变化，将马头墙这一传统形式与女儿墙的功能以及退台屋顶自然分级相结合，外侧面还使用了少量的传统小青瓦，每栋楼外侧的主要入口也采用了门头这一传统形式。

合院空间与传统特征要素组合的典型案例

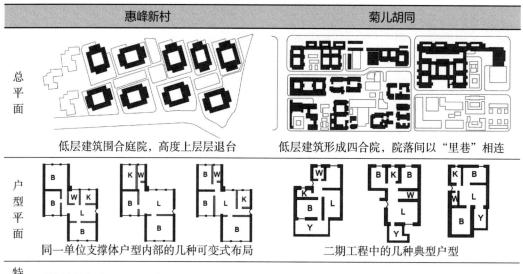

②北京菊儿胡同

另一个有关四合院形态的项目是20世纪80年代末90年代初吴良镛先生的北京菊儿胡同改造项目。这个项目前后历经多年，从最初的构思、对北京旧城问题的思考，到概念生成、对策提出，最终实施，其全过程虽然漫长，但却有很多周全深入的考虑。菊儿胡同的最终成形，是一次对旧城更新、地域主义、传统居住、现代居住等多方面问题的回答。其中既有对四合院空间的分析与重构，也有对传统民居形式符号的拼贴，是改革开放初期住宅建筑地域主义实践的重要案例。

北京旧城改建的例子，在此之前并不是没有，但存在一些问题。一方面，北京的旧城保护工作多着眼于宫殿、官署、寺庙、园林以及一些大型建筑群，而对四合院这类民居，并无切实可行的策略，且过去的旧城改造还是多依靠大拆大建，一个20世纪50年代初尚存完整形态的四合院到了20世纪80年代末建筑面积能上涨50%，内部空间杂乱无章，这样的例子在北京并不少见。另一方面，回到居住问题研究本身，比较多的还是基于国外的概念与模式进行，那些单元式公寓在新区或能成功，但却无法与旧城区的肌理形态相适应，同时住房管理也不合理。

此外，20世纪60、70年代为了节约而生产的大量兵营式住宅区也是吴良镛不能接受的，像旧城西北的官园小区，他认为就是一个教训："如果整个北京都采用这种'排排房'，从城外直逼故宫边，我们失去的是整个北京的风貌。"（吴良镛，1994）针对这些现状，建筑师提出了在历史肌理与合院体系的基础上，保持原有社区结构，以"新四合院"为依托进行旧城的"有机更新"。经过好几年的选址与研究，终于在1987年选定了菊儿胡同作为"新四合院"改造的基地。

二到三层建筑共同构成小社区性质的公共庭院

菊儿胡同的设计团队对北京的街坊体系本身有一个基础的研究与认识，归纳出北京规划结构的几大特点：一是大干路、大街坊、小胡同的街巷体系，二是交通、居住、商业有分有合的混合分区，三是胡同与四合院紧密结合形成的系统。（吴良镛，1991）这种规划方式的逻辑性与艺术性很高，它存在了七百多年，至今仍有很

连接不同院落的"里巷"

多人在其中生活，可见其生命力。

通过这一次改造，建筑师希望寻找受到工业化以及西方现代建筑运动影响而逐渐失去的城市肌理。周边式住宅的组织方式，依据西方人已有的研究，如英国剑桥"马丁中心"（Martin Center）对合院与公寓在相同日照条件下的对比，可以看出合院式住宅具有一定的优越性。此外，合院在中国有很长的发展史，覆盖的区域也很广，中国的很多建筑类型都是在合院的体系里发展出来的。建筑师重视城市中的社区生活，希望通过"新四合院"的实践，让居住在个人隐私与邻里交往间达到一个平衡。

屋顶铺设传统民居材料青瓦　　　　　　底层部分墙体采用北京民居中的常用的灰砖

第一期试点选定了7个最破旧的院落进行，在2090m²的红线范围中居住了44户约139人；第二期改建在占地1.14hm²，人口最密集的192户所在院落进行；第三期在一、二期向西延伸至南锣鼓巷的地段；第四期则着眼于整个街坊整体结构的完整。改造完成之后希望大部分原来的住户还能搬回，因此居住面积的提升不明显，但将原住民从"杂而无院"的环境中解放出来，让他们能够使用现代住宅应有的卫生、暖气设备，是对他们的生活水平的推进提升。

从空间构成上来看，新四合院以北京四合院的院落构成为基础，但在组合方式上吸收了江南、福建、广东民居中的大宅院模型。基本院落由二至三层的4个L形单元式住宅单位拼成，楼梯间位于内院四角。院落可以沿纵横两个方向扩展，相互之间以穿楼而过的"里巷"连接，相当于将传统四合院中串联各个主要居室、并联内外空间的交通道从内院中剥离，变成沟通各个独立院落的骨架。底层在大院之外还有自己的小院，二层和三层通过退台来获得较大的阳台或露台，这样既有私密空间，又能保证邻里交往。无论是对院落作为活动空间的充分利用，还是胡同、里巷、过街楼这些民居要素的存在，都表现出建筑师凝炼四合院空间原型的意图。即便剥去外衣，将空间形式还原到最朴素的状态，仍然能够看到其"中国性"的一面。除了空间构成，菊儿胡同项目在投资方式上也颇具地域特点：住房合作社。即居民也参与投资，基本政策是"群众集资，国家扶持,民主管理,自我服务"。

菊儿胡同一期工程完成后,赞誉良多,主要集中在其尺度把握与浓郁的地方色彩上,建筑师本人也总结说"把庭院与小巷作为合院建筑空间美学精华"(吴良镛,1994)。菊儿胡同以单元式住宅围合庭院形成邻里空间,并用里巷串接,在建造之初当确实起到了传承四合院空间要义的作用。但随着时间的推移,当我们在今天重新审视这个项目时,却又遗憾地发现,无论合院还是里巷,都已经成为堆放杂物和停放自行车的地方,甚至单元楼道内部也不能幸免;住户们关起门来,彼此之间的交流跟北京的高层住宅里防盗门之间的邻里并无差别。如今最突出的地域特征,大概都集中在青砖、瓦面与花窗上了。菊儿胡同改造工程开始构思时,正处在新中国成立以来第二次建筑地域主义创作浪潮之中,受大环境影响,这个项目在立面处理上使用了粉墙黛瓦、条形花窗等南方民居的形式。此外,单元式住宅独立厨卫的设计让邻里接触变得不再必要与频繁,因此在原本的设想中用来进行社区活动的院落被闲置了。

(4)从空间到形式的完整符号表述

跟菊儿胡同类似的旧城改造项目,还有1996年竣工的苏州桐芳巷。

桐芳巷小区位于狮子林南部的老城区,它的建设承担了再现和延续古城风貌的任务。小区中原有的建筑,除了一栋保存较完整的老建筑,其余全部拆除。

规划上桐芳巷项目希望保留传统的街-巷-弄-庭院-住宅的层次与骨骼,这跟惠峰新村、菊儿胡同等案例的规划意图,有相通之处。按照苏州市的总体规划,古城内的建筑高度不能超过四层,因此,低层高密的布局是一个自然的选择。建筑形式上桐芳巷也采用了不少苏州民居的形式要素,小区的南北两个入口都修了古牌坊门柱,作为热闹街道和宁静街坊的分隔;小区内设置了很多分隔空间的月洞门,或连接建筑形成群组的长廊;东北组团沿桐芳巷北侧建造了一系列独院联排住宅,正面是带石库门的院墙,侧面是层叠的马头墙,粉墙黛瓦、花格漏窗的整体色调与细部装饰更加凸显江南民居的意味。

尽管桐芳巷项目在弘扬传统居住特色方面取得了成功,但也受到了一些批评与质疑。阮仪三先生曾在文章中批评桐芳巷老基地上建新房,投资巨大、售价很高,因而不适合普通的工薪阶层,原住民几乎都没有回迁,造成了原有生活网络的消失。因此尽管有特色但无历史,不该是苏州旧城改造发展的方向(阮仪三,相秉军,1997)。

在改革开放刚开始的这个时期,住宅建筑的类型范围有了极大的拓展,台阶花园式住宅、低层高密度住宅的尝试以及相关的设计竞赛纷纷出现。不少住宅在设计中的确呈现出有关地域、传统、历史文化的思考,但多偏向于对表征传统的形式要素的重新使用。这个时期是一个标准化与多样化共存的时期,住宅所面对问题也更多地集中在解决更多人更高质量的居住上。建筑的地域主义实践虽然在20世纪80年代经历了一个高潮，但是以公共建筑为主；住宅建筑的地域主义实践，此时尚停留在一个准备阶段。

四、显符号：寻根

在经历了改革开放初期的波动之后，中国经济在20世纪90年代开始逐渐趋于稳定，同时房地产业也迎来了一个不断走高的持续发展阶段，为住宅商品化时期国人逐渐复苏的地域意识提供了表达的平台。在这个时期商品住宅的设计中，有关建筑地域主义的表达以对地域传统符号的尽力彰显为主导。

1. 全国性建设与开发热潮

当代中国城市住宅的发展与经济体制的不断改革有密切的联系。从1978年改革开放算起，"我国的城市经济体制改革按照时间划分，可以大致分为萌芽（1978—1983年）、社会主义商品经济（1984—1991年）、社会主义市场经济（1992年至今）三个阶段"（吕俊华，邵磊，2003）。这个发展过程对于当下占城市住宅绝大部分的商品住宅来说，并不是一帆风顺的。1992年邓小平"南方谈话"之后，全国性的经济建设热潮被掀起。

早在1991年邓小平视察上海时，就提出要开发浦东，自浦东开发热潮始，全国的建设纷纷启动。浦东陆家嘴金融中心区的规划方案投入了四百万法郎，邀请了英国、法国、日本等不同国家的建筑大师参与设计。与此同时，全国的房地产开发热潮也在掀起。20世纪90年代房地产开发单位数量与投资都飞速增长，1991年全国有3700多家房地产开发公司，第二年增长到1.2万多家，到1993年底则进一步到达2.86万家。1991年中国房地产投资增长速度为117%，1992年又比上年增长143.5%。

房地产业的蓬勃发展，源自极具中国特色的土地政策改革。改革开放以前，中国的城市土地采取行政划拨、无偿无期限使用，且禁止使用者转让的政策（毕宝德，1996）。无偿无期限的使用权造成土地资源的浪费，而禁止转让的规定又令价格机制无法运转。随着1984年土地有偿使用原则的确立，1987年深圳颁布了《深圳经济特区土地管理条例》，规定特区国有土地的使用权，由市政府垄断经营，统一进行有偿出让，出让方式包括协议出让、公开招标和拍卖三种（叶涛，史培军，2007）。深圳在地皮有偿出让上的先行，带动了东南沿海城市乃至此后全国房地产业的成长与壮大。

2. 市场经济带来的消费与猎奇

（1）市场经济下的地产行业起伏

随着市场经济的正式提出，房地产业由于缺乏制度约束，一度出现许多依靠金融借贷与炒卖地皮的大规模建设。短时间内的过度膨胀直接导致了金融秩序的紊乱，致使国家不得不在1993年立即采取了调控措施。此后房地产泡沫破灭，持续几年低迷，直到1997年亚洲金融危机，国家需要依靠房地产业刺激消费，发布了一系列鼓励住房消费的政策，其中也包括逐渐停止福利分房。房地产业这才重新振作，并从2000年以后愈加蓬勃发展。

（2）新一轮"民族形式"回归热

在市场经济的多元化时代，开发商通过广告将住宅包装成一件件代表"生活方式"的商品，让消费者不自觉地倾向某些风格，以寄托他们对某种遥远生活的向往。首先进入潮流市场的就是颇具当代中国市场特色的"欧陆风"住宅，这个并不存在于正统建筑历史中的名词，概括了一个时期里国人对西方古典建筑中的柱式、拱窗、线脚的奇特偏爱。此后，现代主义式的简洁形式又被一部分人所追捧，并被冠上"北欧风"的称号；这个符号在一段时间里被不断放大，迅速波及了室内与工业设计领域，一时风头无两。此外，"北美风格""地中海风格"等，也是房地产市场的流行词。而在作为高端消费品的别墅市场，除了这几类风格，勾起怀旧情绪的"中式"也在不知不觉间热度上升。2004年秋季，北京几乎同时出现了3个带有"新中式"标签的居住区：观唐、易郡、运河岸上的院子。自此，一阵呼吁回归民族文化的"本土热潮"被带起。

众所周知，这并不是新中国历史上第一次出现"民族形式"回归热。

前文已经提过，早在新中国成立之初的20世纪50年代，号召"社会主义内容，民族形式"，通过纪念性公共建筑的宫殿式大屋顶，矫枉过正地强调了建筑"民族性"与"传统性"的文化内涵；20世纪80年代，本土符号以更多元的方式渗透到各个类型的建筑中去，产生了福建武夷山庄、上海方塔园、北京菊儿胡同等代表作品。而21世纪初的这一波"中式"浪潮，在几个方面都不同于前两次："首先，不是由官方推动，没有意识形态色彩；其次，不是出于建筑师的观念主导，而是来自市场力量的驱策；第三，没有表现于重要的大型公共建筑，而是以高端的居住建筑为突破口；第四，建筑中的中国性表达呈现多样化。"（周榕，2006）

（3）形式、风格、符号

无论是欧陆风、现代风、北美风、地中海风，还是中式、新中式，在这个将大部分居住需求作为商品贩卖的时代，归根结底都是为了迎合市场猎奇心理或者缓解文化焦虑情绪从而引导消费的符号。对于建筑师而言，在一个消费主导的语境里，如何重新组织与加工组成这些符号的特征要素，实现对地域性居住而不仅仅是地域性装饰的诠释，是需要解决的问题。

3."中式"居住的符号彰显

关于"中国式居住"这一命题，建筑界有过集中的讨论。《时代建筑》曾在2006年第3期用整刊内容展开这个话题。其中，朱涛对主要生产独栋别墅的"中式住宅"风潮十分抵制，认为"'中国式别墅'仅仅是短期内利用了政府用地政策的漏洞制造出来的，以传统居住文化为表皮包装，供极少数人消费的时尚——它本应处在我们时代文化的边缘"。（朱涛，2006）王澍则将探讨的重点放在中式居住实现的多种可能路径上"现在所谓的实验，在别墅等等中实现的比较多。当然有财富的问题，有了条件，在文化上又有一定的要求，这个就比较容易实现。但是到了一定程度上，它一定会发展到民众中去"。（王澍，2006）而都市实践的三位建筑师刘晓都、孟岩与王辉却认为对于处于文化焦虑中的当代中国建筑界来说，传统从某种意义上来说是一个幽灵，一个可以拿捏的符号，并不是真正意义上的"中国式"。

（1）中式住宅量大面广

纵观"中式住宅"忽然取代欧陆风、现代风席卷别墅市场之后的一段时间，所谓"中式"，很大程度上意味着对中国传统民居或官式建筑进行符号拼贴或者重组。作者选取2000年中式住宅忽然兴盛以后建筑专业期刊讨论过的中式住宅，并提取它们在形式与空间设计上使用的地域传统要素。

2000年以后中式住宅列表

时间	名称	城市	设计者	建筑面积（m²）	涉及的地域传统要素
2000	中国人家	南京	香港博嘉联合设计工程公司	111000	粉墙黛瓦 坡面屋顶 墙顶以小青瓦铺成鱼鳞状 小桥 流水 亭台 廊
2001	芙蓉古城	成都	四川省建筑设计院	130000	四合院 灰瓦 粉墙
2002	康堡花园	北京	中国建筑设计研究院	78000	北京四合院
2002	香山甲第	北京	美国XWHO设计公司	97787	胡同 四合院 青砖贴面 瓦屋面
2002	群贤庄	西安	中国建筑西北设计研究院	73580	奇石 山水 松 梅 竹 唐风

续表

时间	名称	城市	设计者	建筑面积（m²）	涉及的地域传统要素
2003	岭南花园	广州	广州城市开发设计有限公司	128000	冷巷 天井 梳状布局 趟栊 满洲窗 灰瓦 白墙 青砖
	江南水乡华立碧水铭苑	杭州	项秉仁建筑设计咨询（上海）有限公司等	11800	白墙 灰瓦 月洞门
	金都华府	杭州	中联程泰宁建筑设计研究院	174969	院 庭 黑白灰
	寒舍	苏州		94000	粉墙 黛瓦 马头墙
	清华坊	成都	成都华宇建筑设计有限公司	51000	坡屋顶 屋脊 檐口瓦当 屋面小青瓦 美人靠 竹林
2004	天伦随园	北京	原景机构视觉建筑工作室	25000	廊 阁 轩 亭 榭
	易郡	北京	中外建工程设计与顾问有限公司	86621	四合院 青砖 黛瓦 坡屋顶
	绿城·桃花源	杭州	浙江绿城东方建筑设计有限公司	35000	苏州古典园林
	颐景山庄	杭州	杭州园林工程有限公司		中国古典园林
	江枫园	苏州	中国对外园林建设苏州公司	30000	园林
	清华坊	广州	广州市弘基市政建筑设计院有限公司	60000	分户马头墙 菱形景窗 镂空窗棂 窗楣小披檐 斗栱 雕花门头 包鼓石 花窗 灯饰 木作 青砖 瓦面 粉墙
2005	紫庐	北京	北京东海富京国际建筑设计有限公司	18000	内向院落 古典园林 灰砖 传统屋檐、山墙、砖雕、窗格
	优山美地·东韵	北京	山东大卫建筑设计有限公司	116800	四合院 街坊 灰砖 青瓦 白墙 门楼 双坡屋顶 屋脊 门楣窗 木格窗饰 漏窗 灰空间构架
	拙政东园	苏州			苏州古典园林
	第五园	深圳	北京市建筑设计研究院 澳大利亚（墨尔本）柏涛建筑设计有限公司	120000	徽派 晋派 花窗 竹林 黛瓦白墙 青砖小巷 牌坊 三雕（石雕砖雕木雕）合院 竹筒屋 冷巷
2006	江南坊	无锡			假山 白墙 瓦顶 飞檐 竹林 花窗
2007	水岸清华	苏州	上海三益建筑设计有限公司	380000	苏州民居 小桥流水 青砖黛瓦粉墙
	观唐	北京	北京东海富京国际建筑设计有限公司	177000	屋顶房身台基比例关系 筒瓦 灰砖 红柱 木门窗 屋顶举架 滴水 椽子 博风板
	中安翡翠湖一期	重庆	嘉柏建筑师事务所	49553	庭院 吊脚楼 木石砖

续表

时间	名称	城市	设计者	建筑面积（m²）	涉及的地域传统要素
2008	棠樾	东莞	天津华汇工程建筑设计有限公司	42433	灰砖　粉墙　竹
2009	西山恬园	苏州	上海东方建筑设计研究院		粉墙　黛瓦　漏窗　苏州古典园林
2009	格调竹境	天津	天津中天建筑设计事务所	144100	传统山墙　马头墙　格窗纹　"回"格窗　山花圆窗　仿瓦面坡屋顶
2010	第五园	上海	CCDI中建国际设计顾问有限公司	120000	多重庭院　江南民居　天井　灰砖　漏窗　竹
2014	金凤梧桐华苑	淮安		202500	白墙　灰色坡屋顶　方形洞口
2014	云栖玫瑰园	杭州	浙江绿城建筑设计有限公司	74221	粉墙　黛瓦　飞檐　马头墙　假山　亭台轩榭

作者依据文献与网络资料整理

在这30个案例中，如果针对地域形式符号部分做一个高频词统计，不难得出以下数据。在这些中式住宅中，最高频使用的地域传统要素是"院"，20个中有7个是"四合院"，其余以"院落""合院""天井院"等形式出现。尽管合院并非中国传统建筑的独有形式，但可以看出不少建筑师在回答"中国式"的问题时，都会首先考虑院落这一空间形式；而四合院作为最具盛名的传统民居形式之一，更是为市场与设计者所青睐，成为中式居住的最热门要素。紧随其后的，是粉墙黛瓦、竹林漏窗、青砖瓦面等南北方民居或园林的显著特征。

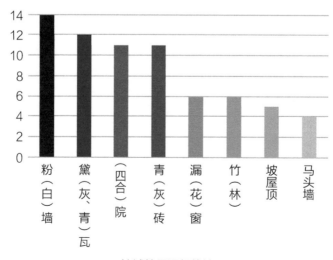

地域符号词频统计

（2）符号的彰显

"欧陆风"之所以能在中国的住宅市场上一度蔚然成风，很大程度上是由于国人在物质初步丰裕、视野刚刚打开的时候，对"西方"的符号化理解与向往。然而，2000年以后，一股"中国风"开始盛行，全国范围内都或多或少出现了以"中式"为卖点的楼盘，在建筑观察者之中也引起了讨论。有关这一现象，建筑评论家周榕曾做出评价："对此，笔者当时解读为国内高端消费人群建立在经济自信基础上，自下而上的文化自信的重建，并由此引发居住自信的传统回归信号。"（周榕，2006）细想"中国风"，或其改良版"新中式"的兴起，跟欧陆风盛行的原因其实并没有本质差别。在崇尚和追逐西方文化、审美、生活方式多年之后，在更全面地了解西方之后，一部分人开始能够以更客观和理智的态度审视文化差异而不是简单以高低好坏论之，因此曾被视为"过时"的中国形式，触底反弹般地回到大众的审美视野中来。而在建设量依旧庞大，效率要求依旧很高的当下，从民居和古建筑中攫取特征要素，是一个便宜法门。

中国传统民居，是"各族各地人民根据自己的生活方式、生产需要、习俗信仰、经济能力、民族爱好和审美观念，结合本地的自然材料因地制宜、就地取材、因材致用地进行设计和营建"（陆元鼎，2005），从而创造出来的。民居设计与建造所基于的多种必须遵循的当地条件与要求，令其产生过程基础扎实且自然而然。反观我们如今所生活的人口密集、节奏紧张的城市，技术带来了空调、照明，钢筋混凝土和门禁社区带来了安全，习俗信仰在强调奋斗与上升的社会境况下退居次要位置。仅以住宅本身的设计而言，当代城市住宅所需要解决的问题比起民居少了很多，甚至可以说，仅需要考虑适用和美观。在这样的条件下，尽管"新中式"住宅们采用了跟民居一样的合院，铺上了跟民居一样的青瓦，种上了跟民居一样的竹林，但依旧不能如真正的民居一般，让一切看起来顺理成章，因为这些精心的设计，大部分都建立在虚构的审美想象之上，而不是条件所带来的必然，因此只能作为一种包装商品的符号而存在。

（3）拼贴与暗示

2003年在北京建成的"运河岸上的院子"，是一个奇妙的当代商品住宅案例。在建筑师的精心设计下，这个面向高端市场的别墅项目，从美式与地中海风转变成了中式。该项目的前身"上河美墅"，在舶来品突然过时的北京住宅市场，曾面对极大的销售隐患，于是想到了请张永和为这个项目改变风格的方法，而且是在不能改变总平面与结构，只允许调整景观与立面的前提下。为了彻底摒除原有风格的影响，建筑师先将形式符号全部清除，后以相对克制的手法使用接近传统灰砖尺度的半模混凝土砌块作为外立面材料，加上细节与整体环境的精细设计与考量，最终达成了评论界所赞赏的"中国味"。

建立在美式郊区独户住宅结构基础上的"院子",如果仍旧采用拼贴瓦屋面、月洞门这一类中式民居元素的方法,势必造成最终结果的不伦不类。因此建筑师通过颜色与尺度的暗示来达到一种"青砖黛瓦"的效果,且特别更换了材料,最终才能被赞为"更能抵近中国人自古以来的栖居理想——闲适散淡,不滞于物,栖止从容"(周榕,2006),尽管实际情况所限,在项目之初,设计师无法了解实际使用者对生活的要求;他所能提供的,原本就是开发商要求的"中式"符号,一件应对市场偏好突变的商品。

与"运河岸上的院子"这种融合形式元素以达到符号暗示效果的设计相比,同期出现在北京别墅市场的"观唐"与"易郡",前者通过严整的仿古,从屋顶、房身、台基的比例关系,到屋顶举架、筒瓦、滴水、椽子、博风板、拨檐的一系列传统做法,将传统建筑元素符号化并拼合在一起;后者则简单遵从四合院、青灰色面砖面瓦、木质门窗的方法,直接呈现"仿民居"的效果。

在大量的中式住宅中,符号的存在几乎是必然的,这些符号与"当时当地"的自然条件或文化背景的关联并不大,因此与其说是地域符号,不如说是商品化的传统符号。如果一定要说与地域之间的联系,那大概就是北方偏爱四合院、宫殿建筑、皇家园林中的要素,而南方则习惯于从江南民居、私家园林中吸取灵感。典型案例如移植苏州古典园林的苏州拙政东园别墅,以及仿徽州民居的深圳万科第五园。

苏州古城百家巷中,与拙政园仅一街之隔苏州拙政东园园林别墅,尽管从设计条件上来说,并不具备真正的苏州古典园林那种宅园一体,建筑蔓延于园中所需要的宅基面积,但通过套型设计时对平面的略加拓展,还是实现了"园中有宅、宅中有园"的基本愿景。比起园林景观中分布亭台轩榭的做法,拙政东园别墅的总平面布局仍然受制于现代居住区的行车和密度要求,有清晰可辨的交通路径与依附建筑的景观绿化。尽管空间格局有差异,但在各种装饰细节上,却尽全力"模仿、运用传统技艺,栽花植树,叠山理水,点缀小品"(洪杰,殷新,2009),同时又有所简化。而深圳万科第五园,在设计之初就得到了"中国式"这一命题作文。尽管深圳作为一个现代都市,与徽州并无自然或文化环境上的相似之处,但作为商业地产项目,它从题目出发,完成了对"徽州民居"的基本意境表达,甚至住区中的书院,是直接搬了一座500多年历史的徽州老宅过来。无论是总平面的行列式布局,还是居住单元厅卧厨卫的现代户型,都反映出这个项目实实在在的现代居住小区空间特点,所有的"中式"意味,都直白地体现在花窗、竹林、黛瓦、白墙、青砖、小巷、牌坊、三雕(木雕、石雕、砖雕)等民居形式片段上。

尽管现有的大部分"中国式"住宅都是拼贴成形,像超市货架上待售的货品一样,包裹着浅显易懂的包装;但市场经济时期用中式符号招徕顾客的做法,表现出国人地域意识与文化本我意识的进一步复苏。在中国深化改革、扩大开放的时代中,符号彰显展现了应对外来文化侵袭的抗争意图。

五、隐符号：地域认同重建的过程

1. 全球化浪潮

21世纪是世界经济全球化的时期，中国在这个时期与世界上许多其他国家一样，也加入了这个多极化、一体化的大格局之中。2001年在多哈的世界贸易组织第四届部长级会议上，中国正式被批准加入了世贸组织，成为其第143个成员。此后中国进一步扩大对外开放的范围，对国际资本形成了巨大的吸引力，对外贸易量与经济飞速增长。与此同时，全球化也为中国带来了世界其他地区的商品与文化，这些外来的内容一步步影响着中国人的思维方式与行为模式。

2. 中国成为国际建造场

在经济高速发展的影响下，中国的城市建设与建筑制造数量激增，与此同时，国际建筑师开始在中国找到可以尽情发挥的场地。

1999年，经过了两轮竞赛，保罗·安德鲁主持的法国巴黎机场公司从来自10个国家的36个知名设计单位中胜出，拿下了中国国家大剧院的设计竞标。2003年，赫尔佐格&德梅隆韦斯特设计公司与中国建筑设计研究院联合团队的"鸟巢"方案，从13个国际知名公司组成的联合体中胜出，成为了北京2008年奥运会主体育场设计的胜出方案。2004年，荷兰建筑师库哈斯主持的大都会事务所，为中央电视台设计了总部大楼，此后这座高层建筑成为了首都北京的新地标。伊拉克建筑师扎哈·哈迪德，在中国先后完成了广州大剧院、北京银行SOHO、南京青奥中心等重大项目。在北京，12名杰出亚洲建筑师建造了"长城脚下的公社"；在南京，20多个国际知名建筑师建造了佛手湖四方当代艺术湖区。除了这些举世瞩目的地标建筑、实验建筑之外，戴维·奇普菲尔德、安藤忠雄、阿尔瓦罗·西扎等外国建筑师，在住宅、办公、教育等建筑类型上，均有作品诞生于中国。

3. 隐匿符号的文化身份构建

进入21世纪以后，建筑"方言"（Vernacular）渐渐成为流行词，"地域性"这个常年徘徊于边缘的概念也逐渐回到了人们的视线之内。

只不过由于住宅成为了我们如今这个市场经济时期最昂贵的商品，因此设计难免因为与价格有所勾连而成为创作价格而非价值的工具，失却一部分实现建筑地域性的原初动力。另一方面，由于中国在1949年之后经历了一系列特殊的文化时期，知识阶层受到比较大的冲击，因此需要一个很长的恢复期。

当全球化浪潮席卷中国建筑界之时，部分得以躲避冲击的建筑师率先在中国的"地域形式"这个问题上展开实验，他们为之后的建筑师不断追问和重新解释这一命题，奠定了基础。事实上从20世纪90年代起，就已经有建筑师在商品住宅的拼贴符号方法之外，为中国住宅建筑的地域主义寻求文化认同了，他们的着手点，一般是个人控制力更强的单体住宅。

（1）两个21世纪以前的案例

①山语间别墅

张永和的一个早年作品山语间别墅（1998年），试图通过场所与建筑的关系，以及"框景"的园林暗示，实现现代建筑的地域主义表达。

山语间位于北京怀柔山中一块废弃的梯田，是私人度假别墅。建筑坐落的梯田一共三级，高差各为1m，顺着地势倾斜的单坡屋顶限定了开放的生活空间，原有梯田的挡土石墙与玻璃共同构成建筑的外围护。空间构成上采取以小空间分隔大空间的方式，小空间多以厚墙形式出现，高度不到大空间的顶棚，厚墙内部容纳储藏、壁炉、浴室等功能。屋面上的3个阁楼，正是其中3个厚墙小空间的延伸。

建筑师希望通过这个延伸，呈现3个小住宅落在单坡大屋顶山体上的感觉。阁楼上的条形长窗，引山景入内，以国画的构图传达中国山水园林的意境。当使用者坐在阁楼向外眺望时，就有以自然入画的观感。

②土著巢

艺术家罗旭1996年在云南昆明小石坝石安公路旁建造了一组名为"土著巢"的建筑群。这是罗旭的个人工作室兼住宅。

总体布局呈现明确的"三分天下"局面——居住、展览、辅助用房各占地块一角。从入口进入后，经过梯阶纵横的起伏场地，就能看见这一组特立独行的建筑。建筑群给人的第一印象是一个个凸起于地面的状似窝头的土包，拥有黄土覆盖的表面以及看似偶然的开口。这组雕塑性颇强的人工物，据作者描述，来自于儿子的涂鸦——孩童的随意之作唤醒了父亲未消的记忆，于是他以女性的子宫和乳房作为出发点，表达出"最初的居所"的概念。

土著巢不能对应某种民居原型，如果一定要找，它更像是原始的穴居生活再现。在史前的仰韶文化里，就出现了几组大房子围合中心空地的做法，如陕西临潼姜寨遗址；而半坡村遗址中表现出的"木骨泥墙"的建造方式，也是原始穴居的重要组成部分。类似于这些原始的形态，在土著巢中，三个组团的"巢"围合出一个中央空地，建筑形体跟随地势高低起伏，红土的外墙面、高高的圆顶与奇异的雕塑、曲折的阶梯互为映衬。

罗旭出生于云南小城弥勒，他曾经报考过艺术院校，但没有成功。在开始独立的艺术创作之前，他只在瓷器厂和县建筑工程队工作过。土著巢的建造过程，跟当代工业生产式的建造也完全不同，是在没有设计图、施工图的情况下，由建筑师本人手持数米长的竹竿，带着施工队指到哪儿造到哪儿的。这种做法跟乡土建造的过程很类似，也给予了土著巢无需原型却仍然具有在地感的支撑。

土著巢被认为有多西洞穴画廊的影子，的确二者在很多方面有相似的气质。洞穴画廊是多西1991年为艺术家马可布勒·菲达·侯赛因（Maqbool Fida Husain）设计的展廊，跟土著巢一样，二者都是服务于艺术家，因此在表现上会沾染艺术家的浪漫色彩。但多西作为职业建筑师的训练以及多年实践赋予他相较于罗旭更多的理性。

同样是形态多变的曲面结构，罗旭以现场指导的方式让工人砌筑砖拱，而多西则借助了电脑辅助的结构规划以及传统部落的茅屋搭建技术，将现代科技指导下的建造方法与印度的地域传统相结合，因而最终产生的建筑形式尽管自由无拘，但能够清晰地感受到形式背后的逻辑支撑。基于深入考虑的结构设计，洞穴画廊的内部空间展现出比土著巢更强的形式力量。这些都是仅身为艺术家的罗旭无法进一步完成的。

（2）隐符号的住宅地域主义实践

时间进入2000年以后，建筑文化进一步繁荣，更多的建筑师开始有关地域的个性化思考。由于中国的全面开放，他们中很多人都有多年的西方建筑教育背景，李晓东毕业于荷兰戴尔福特，博士阶段师从亚历山大·楚尼斯，张永和毕业于美国加州大学伯克利分校，张轲毕业于哈佛设计学院，张雷毕业于瑞士苏黎世高工，李虎毕业于美国莱斯大学，华

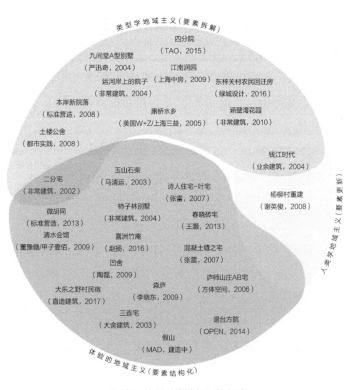

隐符号的住宅地域主义实践

黎毕业于耶鲁大学……在阐述地域主义或者说"中国性"的问题上，这些建筑师不约而同地展现出理性的、重构的、跨域的表达，他们为属于地域传统的特征要素与符号，提供了多条解构思路。

上一章我们已经阐述过中国建筑理论界在建筑地域主义问题上出现一种去符号的态度。理论态度的引导以及理论与实践的矛盾共同作用，造成了中国建筑师在地域主义设计手法上隐符号的倾向。隐符号的住宅地域主义实践图中列举了2000年以后中国的住宅地域主义实践中，采取隐符号设计手法的典型案例，其中所涉的具体设计手法的定义与内容，会在第五章详细展开。

4. 服务于少数人的地域主义

观察中式住宅与地域主义实验住宅，不难发现，绝大多数都是别墅区或者服务于私人业主的独户住宅。即使在那些被一部分评论者认为不能算是"真正的地域主义"，而只是有寻求地域主义愿望的建筑中，其服务对象尚且是城市中极少数富裕阶层，更不用说那些几乎是为业主量身定制的、寄托建筑师真正地域主义理想、试图探寻建筑本质的作品了。

（1）住宅地域主义设计特定的覆盖类型

只服务于少数人的地域主义，尤其是住宅领域，这一现象古今中外概莫能外。

上一章已经提到过，美国学者埃格那曾撰文质疑被大部分理论家与评论者盖章为"地域主义建筑师"的墨西哥大师路易斯·巴拉干，在同辈建筑师们都在建造低价实用为人民服务的房子时，他却投身为精英与贵族服务的房地产事业（埃格那，2002）。现代主义大师赖特的"草原住宅"，因其水平延展线条和本土材料使用而被冠上"地域主义""美国风"的标签，同样也都是富人的私宅。从这个角度来说，很多评论者眼中所谓的"建筑地域主义"确实从未服务过当时当地的大部分人。

在当代中国的地域主义实践中被作为原型常常引用的传统空间或形式要素，往往出自四合院、私家园林、宫殿等特权阶级的居所。新中国成立之初的百万庄住宅是政府工作人员的住所，其中包括多栋独户住宅，地安门宿舍也是机关大楼，之后的桐芳巷、菊儿胡同等住区，也不是低收入者可以入住的。上文提到的数十个2000年以后的中国式住宅案例中，除了钱江时代、金都华府等少量高层住宅，几乎清一色是别墅区。而受市场约束较小的地域主义实验住宅，则更是为个人业主服务的专门设计。

无论是张永和的柿子林、山语间别墅，还是张雷的诗人住宅、大舍的三连宅，无论是设计概念是拓扑景框、本地红砖，还是材料质感、传统木结构，这些作品有一个共同的特点，即为个人业主理想的家居生活所做的精致考量。

以大舍的三连宅为例，这个建筑面积仅有460m²的小住宅，在地面铺砖的使用上考虑得可谓细致入微。王方戟曾撰文描写过建筑师对砖的使用："这个室内的'河埠头'铺地材料引起了我的注意。它是建筑师在苏州太平的一家砖厂特地挑选来的方砖铺满的。方砖使用的是与金砖一样的制作工艺，只是尺寸小了许多。而制作方砖的厂所在的地区正是明清为北京皇家建筑提供金砖的地方。从视觉感受上说，这种材料引起的是关于传统建筑的联想。……在时间的催促下，被人不断磨洗的砖最终表现出丝绸般光滑细腻的表面质感。这时，这种固态的材料在本质上接近于水的质感。由于受磨程度的区别，砖的表面还会略微地起伏，就像水面的荡漾。"（王方戟，2003）

（2）文化叠加

尽管情况不尽如人意，但事实确实如此：今天的大部分地域主义建筑师在设计，尤其是住宅设计上，首先纳入考虑的，并非地区与人群的需求，而是个人意愿的达成。虽然在建筑学上更进一步探索的欲望令他们一直在形式、材料、结构、构造等方面寻找新的突破口，但不可否认的是，住宅建筑的地域主义实践，始终在为少数人服务。

众所周知的是，真正发轫于当地的大量中国民居，往往不注重精细的个人偏好，是应需求而生，因此能够长期维持稳固的形态，而不会因为某些"流行风潮"的变化而有所动摇。这也是我们今天讨论地域主义需要面对的问题：以文化为立身之本的建筑地域主义，其在地性到底是对群体文化的回应，还是对精英文化的回应？要知道这二者在历史上，从来都大相径庭。

早在20世纪70年代，布朗（Danise Scott Brown）与弗兰姆普敦就曾代表两种文化展开过争论。布朗在她的文章《向流行学习》（*Learning from Pop*）中，毫不避讳对流行文化的赞赏，认为后现代主义应当放弃现代主义对空间的理性分析，而将目光转向我们周围充斥着流行文化的世界（布朗，1971）；与她正好相反的是，弗兰姆普敦坚持认为建筑应当在现有的形式之外寻找新的可能，而不是简单地迎合流行文化（弗兰姆普敦，1971）。西方20世纪70、80年代就面对的问题，在2000年以后的中国，也在逐渐显现。两极分化的社会结构与外来因素的影响让文化很难只在某一地域环境中获得统一，这或许也是周榕所说的中国建筑界"焦虑语境"（周榕，2006）产生的原因之一。

在全球化背景下，中国住宅建筑的地域主义实践发展到今天，因为受到多种不可控因素的制约，往往成为建筑师精心设计的有意为之。虽然不乏对建筑本质的探索，也有一部分出于商业目的建造的居住区，但其最终结果更偏向于以建筑师自身教育经历为依托的、各种要素糅合而成的文化叠加，比起扎根本土的平民文化，更多的是对精英阶层情绪与需求的回应。

第四章

符号显隐：
当代住宅创作

上一章论述了新中国成立以来，住宅的地域主义设计从建符号、无符号、再符号、到显符号、隐符号的过程。接下来的两章将进一步展开讨论新世纪全球化背景中，中国住宅在市场经济、消费主义、文化融合、文化自省等多种因素作用下，以何种手法完成了显符号与隐符号的建筑地域主义的设计表达。

历史发展造成的传承与影响决定了中国住宅在地域主义这一关乎文化身份的设计表达上，无法完全抛开符号，而西方不断涌入的理论与思想方法又令当代中国建筑师始终小心翼翼地避开符号。二者共同作用，造成了当代住宅在地域主义设计手法上，始终避不开有关符号的问题，这其中既有显符号的现象，也有隐符号的尝试。

当代中国住宅地域主义实践的现状

其中，显符号的实践现象，主要表现在商业社会主导的商品住宅项目中，采用图像地域主义的设计手法，拼贴来自地域传统的形式、空间、材料要素。有关这种手法的命名缘由以及所涉的具体做法，将在本章详细论述与展开。

一、四种手法

1. 帕弗莱兹按照历史脉络提出的四种方法

关于建筑地域主义的设计手法，在1989年美国加州州立理工大学波莫那校区（Cal Poly Pomona）举行的第一次批判的地域主义国际研讨会上，就已经展开过讨论。这次会议上，帕弗莱兹（Eleftherios Pavlides[①]）从实践与研究的角度描述了实现建筑地域主义的四种方式，对我们今天审视中国住宅建筑实践中的地域主义形式策略，依然很有启发。

这篇经典文献首先指出了地域建筑与地域主义建筑的差别：地域建筑是现存于某个地区的风土建筑，属于建成环境的一部分，而地域主义建筑是建筑师对地域建筑做出的回应。他对地域主义者回应地域建筑的学术传统进行了历史回溯，总结出四种方法：

1）乡土的方法，源于19世纪末，对应"类型地域主义"或"柏拉图地域主义"；2）现代主义法，始于20世纪10年代，对应"思想的地域主义"；3）鲁道夫斯基（Bernard Rudofsky）发起的强调建筑"体验"的方法，对应"体验的地域主义"或"亚里士多德地域主义"；4）普鲁辛（Labelle Prussin）和拉普卜特（Amos Rapoport）研究的本土建筑文化语境的方法，对应"人类学地域主义"（帕弗莱兹，1989）。

对于乡土主义者而言，任何学院或流行建筑都跟时尚一样，是不稳定的，唯有乡土建筑能够长久留存，是无时间性的。乡土建筑的无时间性源于它的极端实用，它的因"需要"而存在；也源于它反映建造者个性与灵魂的特质。因此，对于有乡土建筑崇拜的地域主义者来说，抓取历史的一个片段，重现这种无时间性的真实，就是他们所追求的。他们所采取的方法，往往是采用古老的材料或者建造方式。这被他们称为新乡土主义或新古典主义。

现代主义者是对地方本土建筑感兴趣的第二个群体，柯布与密斯都曾向本土寻求灵感。所谓思想的地域主义，则是指通过现代主义思想方法筛选的本土元素，被运用到设计中，这种方法能够创作出结合现代建筑与本土建筑特征的作品，如柯布的马赛公寓、朗香教堂。

关于建筑的"体验"，帕弗莱兹认为起源于《没有建筑师的建筑》（1964），在这本以全球视角审视本土建筑的论著里，鲁道夫斯基介绍了一种以"人性"为标准的向本土建筑学习的方式。一方面，它不同于乡土主义，强调建筑与人的相互关系；另一方面，它不同于现代主义提取基本形式的方法，它也会关注本土建筑中混搭其他来源的形式，以及表面装饰、针对语境的材质等具有启发性的形式特征。而体验的地域主义实际是现代主义的延展，它基于建筑师对本土诗性的感受，它比乡土主义更有意义，比现代主义的地域主义内涵更广，但它也存在局限性。

1969年，拉普卜特出版了《宅形与文化》，提出了社会文化因素是本土建筑形式创造的主要动力。同年，普鲁辛出版了《北加纳建筑：形式与功能研究》（*Architecture in Northern Ghana: A study of Forms and Functions*），对一个较小区域进行了建筑学与人类

[①] 帕弗莱兹，罗杰威廉姆斯大学教授。

学相结合的研究。而所谓的人类学地域主义，正是建立在对社区视觉与民族志数据收集基础上的地域主义方法。

2. 本文归纳的四种设计手法

帕弗莱兹的分析方法，主要脉络在于对历史上出现的地域主义方法的提炼和总结，其演变过程反映出从19世纪末20世纪初到20世纪中后期人们认知视野的变化，一种从片面到全局，从形式观察到文化环境阅读的转变。借用他的思路与方法，我们顺着时间线梳理2000年以后逐渐兴盛的"中式住宅""地域主义实验住宅"等相关实践，可以总结出四种适用于当代中国住宅的建筑地域主义设计手法。在消费主义盛行的当下，中国的建筑师们为了对出现在当代建筑中的"地域传统要素"进行提炼、运用与消隐，做出了很多努力。

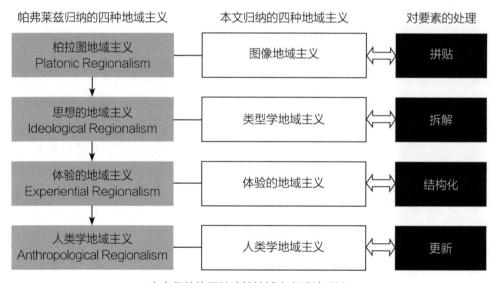

本文归纳的四种建筑地域主义设计手法

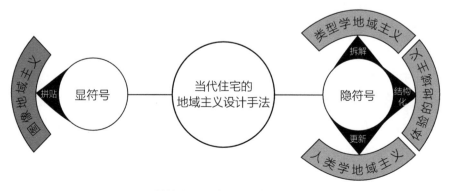

不同地域主义设计手法与符号的关系

在这四种设计手法中，图像地域主义的手法以拼贴特征要素而成为显符号的典型，而另外三种手法则作为隐符号的尝试而存在。下文将要展开讨论的，是图像地域主义显符号的设计手法。

二、作为原型的建筑

传统建筑中的居住建筑包括府邸和民居两个类型，府邸如北京恭亲王府，民居如山西乔家大院（王鲁民，李帅，2017）。刘致平、傅熹年曾在《中国古代住宅建筑发展概论》中用一幅图归纳了中国传统民居的十余个典型代表。以他们的归纳为依据重新整理、合并与增补，可以形成一张传统民居的分类图形。

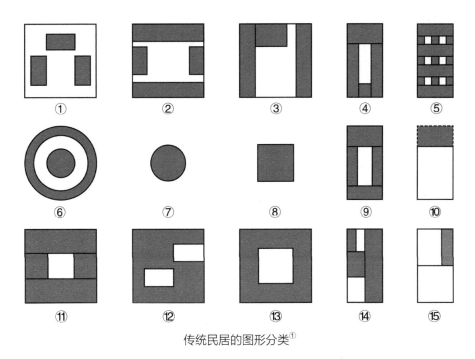

传统民居的图形分类[①]

尽管中华大地数千年文化滋养了成千上万的传统建筑与民居，但在当代住宅建筑的地域主义实践中，真正被作为原型使用的并不多，主要集中在北京四合院、徽州民居、

---

① ①东北庭院式住宅，②北京四合院，③江南庭院式住宅，④云南"一颗印"住宅，⑤岭南民居，⑥福建客家土楼，⑦北方蒙古包，⑧草原毡帐，⑨甘肃民居，⑩黄土高原窑洞，⑪福建庭院式住宅，⑫藏族碉房，⑬青海民居，⑭新疆维族"阿依旺住宅"，⑮西南地区碉房。灰色部分为建筑实体，白色为庭院，实线为墙体，虚线为地下部分。

江南水乡民居、江南园林、福建土楼等几个有限的类型上。

虽然在第三种类型学理论中，很多研究者都秉持"形式类型随时间发展完全可以不依附功能类型而存在"（魏春雨，1990）的观点，但这仅针对那些历史建筑本体而言，当建筑师们需要通过这些历史片段寻找新的形式依据时，还是不得不考虑功能类型相近，以获得移植的可能性与合法性。原型中的形式、空间、材料要素，为当代住宅在建筑地域主义设计方向上提供了丰富的素材，而这些要素在重新运用的过程中，也构成了不同的符号表达。

1. 北京四合院

四合院是首都北京最常见的民居类型，其生命力至今仍十分旺盛。四合院在中国的分布范围很广，并非北京独有，早在三千年前的殷商故都（今河南安阳）遗址上，就已经有房屋围绕形成合院的做法，陕西岐山凤雏村发现的西周贵族宫室建筑遗址具有前堂后寝、东西厢房、后院穿廊的类四合院布局。不过完整成熟的四合院体系，是到明清时期才形成的。而使用四合院住宅的人群，以经济基础优越、政治地位较高的统治阶级与贵族阶级为主。

四合院的分布遍及全国，随不同地区的自然条件与风俗习惯而产生不同的平面与立面形式，其规模与内容都占据中国传统民居的首要地位，其中北京四合院是一个典型代表。

作为原型的四合院，在当代住宅设计中最常被取用的特征要素包括：

（1）厚重的双坡屋顶。北京位于华北平原北端，自然地理条件比较优越，有长达两百天的无霜期，但冬季寒冷风沙较大，厚重的双坡屋顶是防风、防沙、防寒的恰当形式，也是四合院的特征形式之一。

（2）封闭的高墙。高墙的形式既是出于抵抗风沙严寒的考虑，又是隔绝外部噪声，在城市中划分独属于家庭的内向天地的绝佳手段。

（3）建筑四面围合庭院。四合院的中庭是整个建筑群体的核心，它由四面建筑物的檐廊、门窗、墙体限定，地面有铺装，只有上部向天空敞开。这样的布局在空间上保证它与外部的尘土、噪声彼此隔绝，同时保证各个居室的采光。院中可以种植海棠、枣树、石榴、核桃、玉簪、凤仙、荷花、夹竹桃等，也可以摆设鱼缸供游乐，搭起天棚宴客和举行礼仪。这种对外封闭，对内丰富的空间态度，是很多当代建筑师在考虑庭院设计"中国性"的问题时，首先选择遵循的。

（4）南北轴线推进的秩序。标准的北京四合院是坐北朝南的矩形院落，由大门、影壁、屏门、倒座房、垂花门、正房、耳房、厢房、群房、廊子、围墙等单体组成，依照南北主轴线左右对称布置。中心庭院在平面上几乎是一个正方形，四面由各自独立的房屋围合，每个房屋有三间，房屋之间的断开处以游廊与短墙连接。在功能分布上，传统四合院严格遵循长幼尊卑的次序，"内宅中位置优越显赫的正房，都要给老一代的老爷、太太居住。堂屋是家人起居、招待亲戚或年节时设供祭祖的地方，两侧多做卧室。东西两侧的卧室也有尊卑之分，在一夫多妻的制度下，东侧为尊，由正室居住，西侧为卑，由偏房居住。东西厢房则由晚辈居住，厢房也是一明两暗，正中一间为起居室，两侧为卧室。而后罩房主要是供未出阁的女子或女佣居住。"（顾军，王立成，2002）

四合院原型中常用特征要素

（5）青瓦屋面。黏土烧制的青灰色瓦，是北京四合院的屋面材料，瓦作为最常见的中国传统建筑屋面材料，在许多当代设计中被反复援引使用。

（6）青砖墙体。四合院的墙体材料为青砖，完整尺寸长30cm，宽15cm，厚4cm，正面正中有一深沟横穿砖体长度方向。民居中既有磨砖对缝的完整砖块，也有残缺的碎砖，匠人们均能凭技术砌起高墙。青砖作为北京民居材料上的显著特征之一，在寻求北方民居或者四合院意向的当代住宅中，多有使用。

2. 徽州民居

徽州位于安徽省东南部，是一个历史悠久，并且具有相当稳定性与独立性的区域。徽州在唐代曾包括歙县、休宁县、黟县、婺源县、绩溪县、祁门县，如今的安徽省黄山市为其主要区域。自然环境上，徽州地处山川丘陵之中，气候温和湿润，降雨量大而常引发水灾，半数以上人口聚集在面积不大的盆地之内。

从历史文化角度说，徽州是徽商的发祥地，明清时期鼎盛的徽商群体为徽州建立了雄厚的经济基础，从而支撑起中国传统文化的重要组成部分：徽州文化。相对不便的交通令徽州文化得以保有其独特性。因此，在中国的古民居中，徽州民居属于保存至今质量与数量都比较高的一类。其主要分布于徽州的歙县、黟县、屯溪、绩溪、休宁、祁门、太平和石台等地。

以徽州民居为原型的设计中，往往寻求6个具体的特征要素：

（1）层叠的马头墙。跟大部分中国古建筑一样，徽州民居的结构体系是木构架，由于房屋间距近、木材又容易着火，"封火山墙"应运而生。封火山墙也叫马头墙，其形态"高低错落，一般为两叠式或三叠式，较大的民居因有前后厅，马头墙的叠数可多至五叠"（蒋毅博，2018），除了防火，其高于结构的特殊形态也是徽州民居美学价值重要组成。

（2）粉墙黛瓦的素配色。徽州民居采用颇具中国书法与水墨画意蕴黑白灰配色，粉墙黛瓦，墙顶的深色墙脊，以及墙面的黑灰勾线，都是很多当代中国式居住设计中爱效仿的元素。

（3）砖雕、石雕、木雕。三雕艺术在徽州民居中无处不在，砖雕用在门楼、门罩、飞檐、柱础之上，石雕用在柱础、栏板、基座等处，木雕用在梁柁、撑拱、雀替、栏板上。三雕内容丰富、雕刻精美，是图像地域主义手法中会被借用的装饰要素。

（4）枕山环水的总体格局。徽州古村落在选址上讲究风水，"依山傍水"是基本原则，同时还需呈现出枕山环水的格局。村落多是聚居型的，在有限的空间逐渐凝结成块，村落外形与山水围合空间相吻合。一些典型的徽州村落用不同的空间形态来顺应风水，如"卧牛形"的宏村，"船形"的绩溪龙川，"棋盘形"的西溪南村等。徽州村落有几个比较重要的构成要素：水口、巷道、广场、水系。水口是距离村落几百米的溪边树林，附近常有标志性建筑，左右青山夹峙，具有守卫意味。村中巷道由两边的建筑轮廓限定出形状，因此非常自然。徽州村落往往与水系有紧密的联系，常对天然河道加以改造，其中最常用的方法是筑渠引水，让溪水沿街巷穿越整个村庄，时而穿庭入室时而傍宅而过，是饮用水与消防用水的主要来源，局部扩大的池塘会形成一个水广场。

（5）内天井的设置。徽州民居依靠内天井采光通风，因此不考虑房屋间距，一栋紧挨一栋，交通也主要依靠窄巷。平面占地一般不大，形状多为方形，建筑二层楼，一般有三合院、四合院三间二进、H形、日字形四种形式。

（6）"聚水"的设计。以徽州民居中H形天井为例，住宅进门先见天井，两旁廊屋，然后中间才是居室，也是出于用天井汇聚雨水的"聚财"愿望。在发展过程中，天井从深变浅，在下方修水道暗渠通入后院池塘，更是"肥水不流外人田"。"聚水"的设计意图，在一些当代住宅寻求"中国性"时会作为一种空间的暗示来使用。

徽州民居原型中常用特征要素

3. 江南水乡民居

江南水乡城镇是以太湖为中心散布在江苏省长江三角洲平原上的城镇，这里具有优越的自然地理条件，开发历史较早，经千余年发展，成为了全国农业经济最发达的地区。分布在今天的江苏南部、浙江北部地区的江南民居，具有明显的水乡特色。水乡城镇与水体的关系大致有沿河流或湖泊一面发展，沿河两面发展，沿河流交叉处发展，围绕多条交织河流发展四种。

当代设计中经常取用的江南水乡民居的特征要素，包括五种：

（1）连续起伏的屋顶。江南民居围合庭院的做法，由于气候差异，设置上与北京四合院有很大差异，通常是建造坐北朝南的二层堂楼作为主体建筑，祭祖、典礼、起居、会客的空间在楼下，卧室在楼上。面向天井的堂屋，如果卸下槅扇，就可以变成内外交融的半开敞空间；而私密性较高，只用作书房、卧室、厨房等功能的空间，则称为室，室的大面积开窗只会面向天井，若临街巷，多为高窗。

（2）黑白灰栗棕赭的素色。江南民居在色彩使用上与北方富丽堂皇的官宦气象相比，文人色彩较重，多用黑白灰栗棕赭等素色：粉墙黛瓦，内外檐装修多为棕色木质，若是官衙府邸，则会采用黑色、深棕、绛红的漆色。用于房间分隔的屏风上也多为书画，庭院植栽精巧自然，不追求轴线秩序与层级。

（3）街坊巷弄。江南民居尽管在单体的设计上有独到之处，但其更重要的价值在于总体布局形成的独特风格。鳞次栉比的建筑沿着街道排列，压缩出蜿蜒细长的小巷。从公共的广场到较宽的街道，再到建筑间的小巷，建筑前后的天井。街坊巷弄的层级性布局，是群体空间结构的逻辑核心。

（4）建筑河街水。常见的江南水乡场景，应当是沿河密布着住宅，建筑与河之间留一条窄窄的河街，或者建筑沿河，而街在建筑另一侧。河上有桥纵横来去。这些桥多为石拱桥，少数为高架平桥，以便船只通行。桥的平面形式依据其所在地形条件的不同而异，主要包括一字桥、八字桥、曲尺桥、上字桥、丫字桥等几种。临河道路以及桥头每隔一段距离，会以石阶砌筑延伸至水边，形成水埠头。以河、河街、水、桥、水埠头等元素塑造江南水乡场景的设计手法，在很多当代住宅中都有使用。

（5）多样的天井院。江南水乡民居同样遵从中国传统木构架体系的空间构成方式，以间为基本单位，以进为空间序列。平面布局上，规模稍大的民居可含前后两进甚至更多，进与进之间以天井相连。天井以高墙或走廊围合，不拘泥于轴线，形式也较灵活多变。跟北京四合院不同的是，江南民居的两侧厢房通常窄而短，有些是仅有交通作用的连廊，有些甚至直接筑墙围合。由于天井院较深，堂楼的采光不好，因此不少民居中会在正对堂楼的位置放一个照壁，起反光作用。厅堂后面往往还会设置窄小的天

江南水乡民居原型中常用特征要素

井，里面叠石种树，既能通风解暑，又可作为景观。厨房的灶台旁边，也会设置拔风天井，以便尽快排出做饭的油烟。江南水乡民居趋向自然，因此天井内多莳花植木、瘦石扶竹，天井内地面低于室内一二级踏步，侧砖铺砌微坡，四周设明沟导水，集水口设于屋角下方，覆石刻镂空排水孔盖。

4. 江南私家园林

谈到园林，人们总是不可避免地想起苏州园林。苏州园林在中国的众多园林中独树一帜，是江南富裕阶层居住的典例之一，在建造之初就有很多文人、画家、士大夫阶层参与其中。对这些人来说，园林不仅是生活场所，也是寄托他们隐逸理想之所。为国展才的现实要求与清闲避世的文人梦想间的矛盾令他们格外热衷于在城市中建立自己的山水天地。

苏州园林的趣味核心，很大程度上，就是文人的诗情画意、含蓄悠长，是他们对自然的理解。这些理解，审美的部分要超过理性的分析，图示的解答也显得不那么适用。

园林与传统中国文人的生活紧密相连，重意境而轻范式，具有其他民居类型所不具备的特殊文化意义，因而许多当代建筑师在地域主义的表达中，希望通过来自园林的形式或空间要素，营造具有中国性的氛围。

（1）亭台轩榭。江南私家园林以景为核心，建筑的配置既是功能性的，更是景观性的。园中的亭台轩榭，或与廊道相接，成为步行的停留处，或与水面相连，成为赏景的平台。其飞檐翘角、镌刻雕饰，也构成整体景色的一部分。

（2）叠石理水莳花植树。"中国园林的树木栽植，不仅为了绿化，且要具有画意……拙政园的枫杨、网师园的古柏，都是一园之胜，左右大局，如果这些饶有画意的古木去了，一园景色顿减。"造园之时，所有的山石水景、花草树木，都是构成这个自然世界的重要笔墨。

（3）漏窗。漏窗是江南园林中常见的开窗方式，无论不规则的冰裂纹，还是规则对称性的花纹，都是漏窗的形式构成选择。漏窗让院墙两边的景致与视线隔而不断，也能够为备弄天井等辅助空间减少封闭感。

（4）蜿蜒的行走路径。苏州园林的特点很难用西方解析建筑与城市的理性方式来阅读，更多要从意蕴上理解。对此，陈从周先生在《说园》中有简洁而精到的解说："园有静观、动观之分，这一点我们在造园之先，首要考虑。何谓静观，就是园中予游者多驻足的观赏点；动观就是要有较长的游览线。二者说来，小园应以静观为主，动观为辅，庭院专注静观。大园则以动观为主，静观为辅。前者如苏州"网师园"，后者则苏州"拙政园"差可似之。"

（5）框景借景对景。"景"是江南私家园林的核心之一，童寯先生曾在《江南园林志》造园的三境界中提到，第三境界便是"眼前有景"。通过月洞门、窗洞、屋顶与柱子等要素构成的画框框景，通过设定观察点引入围墙之外的景致，通过路径与停留的设计，让山路回转、竹径通幽、前后掩映、隐现无穷，实现借景对景。

江南私家园林原型中常用特征要素

5. 福建客家土楼

或许是因为大家族聚居的独特模式类似于现代集合住宅，福建土楼近年来也是住宅地域主义设计中常被援引的对象。福建客家土楼主要分布在闽西、闽南一带，客家人、闽南人混居地区。土楼选址跟徽州民居类似，主要原则是依山傍水，但聚落形态多种多样，大致有散落于山水之间的狭地之上，组团聚于山地的向阳面，沿着河道或溪流串联布置，从平坦地带向山区逐渐延伸呈墨迹溃散状，以及弧形或环形向心扩展五类。

从规模上分，大致可分为五个级别：特小型12~18开间，小型20~28开间，中型30~40开间，大型42~58开间，特大型60~72开间（路秉杰）。特小与特大的土楼都为数不多，大部分是20~40开间的中型土楼。

在当代的宿舍或集合住宅设计中，土楼是地域主义方向所寻求的重要原型，所援引的特征要素具体有以下6个：

（1）方或圆的规整外形。土楼方形或圆形的规整平面形式，可以容纳大家族聚居，边长（直径）在30~60m之间，层数3~5层。这种集合体的形式也被现代宿舍或集体居住所沿用。

（2）内向的空间形态。方、圆楼的总平面呈现很强的内向性，客家人居住的土楼将祖堂置于庭院正中，而对外完全是厚墙小窗的堡垒姿态。

（3）圈层结构。空间布局上，福建土楼有方楼、圆楼、五凤楼等多种形态，均取对称形，厅堂等公共空间居轴线；而居住空间，尤其是圆楼中的居住空间，则平均分布，没有尊卑等级的差别；外圈居住与中央祖堂之间，是一层环形内院。

（4）卵石砌筑基础。建造土楼都是就地取材，最主要的三种材料即生土、木材、卵石。基

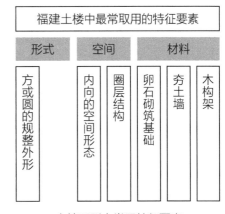

土楼原型中常用特征要素

础以卵石砌筑，如在淤泥地上，就用松木做成筏基，再以卵石砌墙脚。

（5）夯土墙。石墙之上夯筑土墙，土楼工匠们在多年的积累中研究出一套专门的材料配比与夯实技术，因此土楼的外墙非常坚固、防御力很高。

（6）木构架。土墙之中分层配置墙骨，内部有杉木搭成的建筑构架。

三、符号拼贴

在当代中国的住宅实践中，不乏抓取历史片段的设计手法，尽管设计者的目的通常不是出于乡土崇拜，而是出于市场考量，希望通过特征鲜明的符号拼贴，令购买者迅速理解其"求中求古"的意愿，而心甘情愿地完成对这种"生活方式"的购买。

在手法上，中国的建造者们在这种时候非但不会刻意使用旧的材料与构成方式，隐藏现代建造痕迹，反而出于效率与便捷的考虑，完全采用工业化时代的做法，只把那些"历史片段"，像店铺上的招牌一般，加粗放大、标识点缀，希望人人都能注意到这些符号。笔者将这类手法概括为图像地域主义，其主要操作就是提取传统建筑与民居中的特征要素并加以拼贴。

这种做法，一方面是基于消费社会的整体环境要求，另一方面是源自后现代主义"向拉斯维加斯学习"式的大众化建筑设计手法。

图像地域主义受环境与理论两方面的影响

在第3章中，我们已经初步讨论过2000年房地产业在中国全面铺开之后，"中式住宅"经历了怎样迅速的发展，中国民居的空间与形式要素，在这一轮中式住宅浪潮中，被市场反复摆弄，出现在了各个城市的居住区里。

尽管对于很多评论者来说，这样肤浅的表达方式，不应当被归为"地域主义"，甚至会被评论为"中国式样的建筑在中国本土被挂牌出售的现象，总像是有人决心要到一家瓷器厂门口推销瓷器一样奇怪"（董豫赣，2006）。但这种布景式的笨拙，始于人们对本土文化的重新审视，尽管手法存疑，但作为一个大量存在的类型，应当被予以正视而非回避。

1. 消费社会

进入21世纪的中国建筑界，因为社会境况逐渐从动荡走向平和，因而在思想内容和表达方式上都有很大的转变。借用周榕的评述，即"'救亡叙事'被'消费叙事'所取代：随着中国在世纪之交步入'消费社会'，消费主义便以不可遏制之势席卷经济、社会、文化的几乎全部领域，消费成为当代中国的统领性叙事主题。消费社会的特点，是可以把一切社会内容都转换为消费对象。因此在'救亡叙事'中被视为文化图腾而必须捍卫其主体性和纯粹性的传统，却在'消费叙事'中被看作是富于差异吸引力的消费资源。这种将传统和现代一视同仁的消费态度，成功地抹杀、混融了两者之间水火不容的极性差异。在资源匮乏年代看似无法调和的鱼与熊掌不可兼得的矛盾，到了过剩型的消费主义年代就被不知不觉地轻易消解掉了。"（周榕，2014）市场经济令建筑尤其是住宅成为一件商品，而消费社会则负责给它们分门别类、明码标价。

关于消费社会，其基本特征大致可以归纳为：

（1）已经相对发达的物化社会。在这样的社会里，一切社会行为均可通过物化的形式来表达，一些在过去的社会看来无法出让的东西在消费社会全都可以买卖。

（2）其突出之处在于大众消费。当代社会丰富多样的产品、大众拥有一定的购买能力，以及大众消费文化的确立，共同构成了大众消费的可能。

（3）消费者主权日渐凸显。当生产力发展到商品市场供大于求的阶段，消费者的需求直接主导生产与产量。（张卫良，2004）

上述特征在2000年以后的中国住宅产业中表现得非常明显：第一，随着社会经济水平的飞速提高，大量土地产权被转让进行地产开发。第二，银行借贷分期还款这样"提前消费"观念大范围普及，在中国的城市中，逐渐形成所谓的"购房刚需"。民众在没有更好的投资渠道可供选择的情况下，愈加信任房产的保值功能，因此住宅作为最昂贵的商品之一，逐渐成为了大众消费的"必需品"。第三，在政府的大力支持下，住宅产品遍

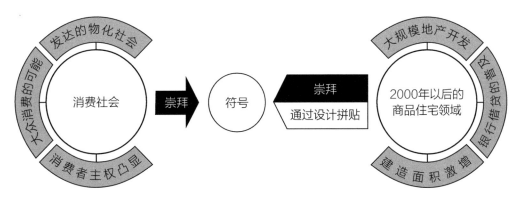

消费社会与图像地域主义的关系

地开花，建造面积激增，大量性供给更为消费者提供了广阔的选择空间与极大的话语权。

法国社会学家波德里亚在1970年出版的《消费社会》中对包括美国在内的西方社会进行了深刻剖析，指出一组有关"符号拜物教"的对比：如果说前工业社会遵循的是对自然物（如对太阳、月亮等天体）的神秘崇拜，工业社会围绕着生产活动形成了资本霸权和商品崇拜，那么，今天消费社会的迷狂则是陷入了对于符号价值的崇拜。

"符号消费是一种无限制的、狂热的消费，因为它面对的不是具体物品或者使用价值，而是作为一种意义的符号。追求时尚生活，无所谓真假，无所谓有用无用。当美丽的逻辑成为一种时尚的逻辑，人们对美丽的消费就会陷入一种迷狂的境地。"（欧阳谦，2015）同样，当居住的逻辑也成为一种时尚的逻辑，使用者并不知道自己需要什么样的居住环境，而是被操控着选择了能够"代表某种生活方式"的时髦符号，对居住的消费也就陷入了所谓的"迷狂的境地"。

与此同时，符号还能借由广告这一大众传媒方式加强消费。

大众传媒可以左右当下社会的审美口味与口碑，在它眼中，当代建筑与当代艺术一样，是猎奇的时尚潮流、出格的激进宣言，以及丰厚的投资回报。在这种环境下，建筑更多被视为影响标志与消费对象。传媒利用"对世界进行剪辑、戏剧化和曲解的信息以及把消息当成商品一样赋值的信息，对作为符号的内容进行颂扬的信息"（波德里亚，2000，刘成富 全志刚 译），为人们制造了种种假象。当人们阅读着楼书上"东方精神""天人合一""现代版江南水乡""骨子里的中国"等语句走进那些装潢精美的楼盘时，就已经踏入了这种假象。他们之中大多数并不能理解那些粉墙黛瓦、青砖小院、挑檐漏窗原本的意义，只是被告知这是"中式生活"的象征而做出了选择；至于为什么选择中式生活，很大的可能只是在购买属于某个阶层的时髦而已。

2．后现代主义：向拉斯维加斯学习

1972年，当文丘里与布朗出版《向拉斯维加斯学习》时，他们应该没有想到后来会招致如此多的批评。在《向拉斯维加斯学习》出版的前一年，布朗就已经发表过一篇文章《向流行学习》（*Learning from Pop*），将她的实用主义逻辑展示得淋漓尽致。城市中那些令后来的很多学者感到忧心忡忡的肥皂剧、电视推销、杂志广告、路边指示牌，在她看来都是建筑的灵感源泉。对她而言，城市中生活的人们多种多样的需求是最重要的，因此形式语言也应该从周围的流行文化（符号而非结构）中获取，而不是所谓的"理性分析"；形式追随功能更是早已不合时宜。

在《向拉斯维加斯学习》中，文丘里和布朗对建筑师或者专家们以高高在上的姿态掌控建筑与城市秩序的姿态嗤之以鼻，认为那些不承认符号主义的建筑师们很多其实都言行不一。

"早期现代主义中的言行矛盾非常明显：格罗皮乌斯喊出了'国际式'但却创造了一种建筑风格并且推广了脱离工业生产过程的工业形式语言。路斯谴责装饰但却在自己的设计里使用漂亮的图案，而且要不是他没能赢得芝加哥论坛报大厦竞赛，他差点就讽刺地设计了摩天楼历史上最华丽的符号。柯布西耶后期作品开启了持续的不被承认的符号主义传统，这些本土形式，至今还以不同的表达方式出现在我们身边。"

现代主义先驱们在驱逐装饰与符号的时候无意间又创造了另一种符号，这或许有些讽刺，但也印证了符号始终存在于建筑中的可能性。

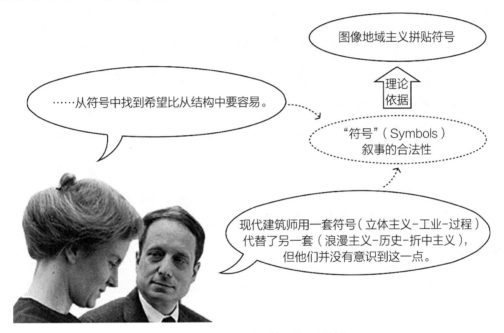

图像地域主义以拼贴显符号的理论依据

然而，《向拉斯维加斯学习》中所展现出的建筑艺术大众化的观念，又为许多后世的建筑从业者批判，认为这是对学科专业性与权威性的不尊重。但在当今中国的商品住宅领域，这种以大众审美为导向的设计方式，却因为消费社会的帮衬而再度成为主流，许多实践都采用了通过特征要素拼贴实现符号彰显的图像地域主义设计手法。

3. 图像地域主义

无论在哪个年代，建筑都是思想的工具，社会形态的表达。尤其是如今这样一个"消费逻辑取消了艺术表现的传统崇高地位"（波德里亚，2000，刘成富 全志刚 译）的社会中，由于"消费逻辑被定义为符号操纵"（波德里亚，2000，刘成富 全志刚 译），那么当"中式住宅"成为一种消费需求后，国内诞生了一批纯粹符号拼贴的中式住宅，在一段时间里主要流行于中高端住宅市场。这些图像地域主义的案例，在具体做法上有的无分时间地区的跨域多样拼接，有的专注某种原型的剪切，还有的针对某个时间或空间概念的组合。

（1）多个原型的跨域图像拼接

跨域图像拼接做法举例

原型	地域传统的特征要素	中国人家（南京）	紫庐（北京）	优山美地·东韵（北京）	观唐（北京）	第五园（上海）	金凤梧桐华苑（淮安）
四合院	厚重的双坡屋顶		●	●	●		●
	封闭的高墙						
	建筑四面围合庭院						
	南北轴线推进的秩序				○		
	青瓦屋面		●	●	●		
	青砖墙体	●	●		○	●	○
徽州民居	层叠的马头墙	○					
	粉墙黛瓦的素配色	●		○			●
	砖雕、石雕、木雕		○				
	枕山环水的总体格局	○					
	内天井的设置			○	○	●	
	"聚水"的设计						
江南水乡民居	连续起伏的屋顶						
	黑白灰栗棕赭的素色	○					
	街坊巷弄			○			
	建筑河街水						
	多样的天井院			○	○	●	
江南私家园林	亭台轩榭	●○					
	叠石理水莳花植树	○			○		
	漏窗	●	●	○	●	○	
	蜿蜒的行走路径						
	框景借景对景	●					○

注：●直接采用 ○意向性模拟

这种做法的特征是在一个住区中使用多种民居或传统建筑的特征要素，而被引用的原型并不属于同一个地区，所选取的特征要素也会涵盖形式、空间、材料的多个片段。这些片段在植入新的设计并形成彰显性的符号时，可能是直接采用，也可能是意向性的模拟。

东南大学建筑系教授朱光亚主持设计的南京中国人家，以"中式园林别墅"为出发点，在同一个项目的3个不同园区（西园、颐心园、玉鉴园）中，于现代住宅建筑的基本结构之上，叠加了来自徽州民居与江南私家园林的多个符号，像溪水相连的整体布局，错落的屋顶，外观的粉墙黛瓦、飞檐翘角，以及用南京近郊取得的湖石、黄石、青石勾勒蜿蜒曲折的溪水岸线。除了小区内的小品，还用外置的起居室暗示园林中的亭台轩榭。

此外，地处北京的紫庐优山美地·东韵，以及观唐，项目均以四合院为主要形式依托，叠加来自徽州民居、江南民居与园林的特征要素。

紫庐的总体布局有江南民居房屋联排、街巷纵横的感觉，在立面形式上截取了北京四合院的灰砖墙，江南民居的白墙、深色瓦屋顶，王府的朱漆大门，悬山或歇山屋顶的博风板，园林中的漏窗，以及各地民居中都出现过的砖雕等。

东韵形式上既有北京民居元素，又结合江南民居的用色，以1/3白墙和2/3灰砖墙搭配，装饰细部上偏向北方民居，使用造型简化的门楼、双坡屋顶、屋脊、门窗楣、木格窗饰、漏窗、灰空间构架等。

观唐的总体布局采用中国传统建筑群体意识、院落系统、轴线轴心、形制等级的观念，以横平竖直的道路系统组织街巷，形态上主街宽胡同窄，由胡同进入四个住宅组成的"园"。建筑单体本身的空间设计有典型的现代住宅建筑功能分区、交通组织高效的特点，但在立面与细部处理上把来自庙堂、江南园林、宫殿建筑、四合院等多种原型的"中国式符号"用到极致。起居空间要求屋顶、房身、台基的比例关系，柱、墙、窗的虚实对比，开间对称限定秩序感，筒瓦、灰砖、红柱、朱漆大门的使用，木门窗尺寸为比例关系控制。在中国传统建筑中地位相当重要的屋顶，也是观唐项目构筑中式外观的关键，建筑师采用了屋顶举架、瓦、滴水、椽子、博风板、拔檐等传统制式做法。墙的形态是传统的硬山山墙，作为承重墙采用钢筋混凝土结构，但外饰面是对缝的两种不同深浅的面砖，长宽一致，高度不同，错缝粘贴，制造北京四合院的墙身效果。门窗和柱也使用木材，颜色为木色或红色，回应北京的宫殿、王府建筑。在住宅单体的庭院中，又特意使用了类似江南园林的蜿蜒曲折的景观形态。

上海第五园在建筑单体设计上以"天井"为触发点，多采用前后院、下沉庭院、侧边院、窄天井的做法来组织功能与满足采光，高墙深院的形式类似于江南民居多样的天井。形式上灰砖、白墙、深色压顶、石材漏窗的做法，综合了南北方民居突出的色彩与材质要素。空间上通过外墙水平条窗的开洞，模拟园林中的景框。江苏淮安的金凤梧桐华苑，总体布局与户型都是现代高层住宅的典型平面：行列式、中央景观、车行环路，以及厅房厨卫的高效组织。形式上采用白墙、坡顶、高山墙、深色压顶、回字形装饰等形式符号，寻求向徽州民居、北方民居的靠近。

（2）针对一种原型的图形剪切。

跟选用多类民居原型特征要素的跨域拼接不同，实践中还有针对某一类，如北京四合院、徽州民居等，剪切其中特点突出的形式空间或材料要素，如青砖墙体、层叠马头墙、街坊巷弄、亭台轩榭、漏窗等，进行拼贴的做法。这种做法令商品住宅项目在宣传上更具有针对性，同时具有从住区规划、到建筑形式、空间关系都全面呈现某一类民居特征的可能性。

具体案例包括深圳万科第五园、北京易郡、苏州拙政东园园林别墅、成都清华坊等，做法举例见表。

针对一种原型的符号剪切做法举例

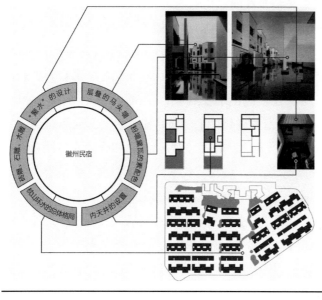

深圳万科第五园（2005）以徽州民居为原型，依据其枕山环水的整体格局，第五园社区的整体规划由中央景观带划分了两个边界清晰的村落，两个组团看似各自规整，实则内部街巷宽窄交织、水系穿插

建筑单体沿用了徽州民居内天井的设置，较大户型不仅设置了前院，更有内院中庭与后院，较小户型尽管只有前院，但将有独立前院的四户或六户联合成一组，形成"四合院"与"六合院"，叠院住宅则以小院与露台叠加。内坡的屋面也应和了徽州民居"聚水"的设计

形式上有简化的马头墙设计。建筑墙脚采用烧制青砖，墙头深色压顶。屋面没有用瓦，而是采用了同样深色的青灰金属瓦楞屋面，平直无起翘

续表

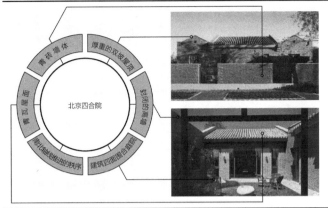

北京易郡（2004）以四合院为原型，空间上采取建筑四面围合方正庭院的做法，无论平层四合院、独栋三合院，还是双拼三合院，都体现出内向私密的空间特性

形式上采用了传统四合院厚重双坡顶、硬山山墙的形式，内院墙高大封闭，保证内部家庭空间与外界的隔离

材料上除了本色实木门窗，面砖与面瓦更是选择了传统的青灰色黏土制品，保证质感与触感上更接近四合院

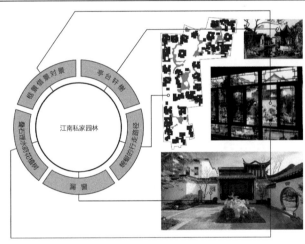

苏州拙政东园园林别墅（2005）以苏州私家园林为原型，总体布局上秉承将宅放入园中的理念，住宅以组团方式置入小区这个园林中。建筑、景观、道路、水体的形态变化交织共同构成了蜿蜒的游赏路线

建筑单体将体量打散，以庭院和廊道组织起居、卧室、厨卫等空间，加强内外空间联系，重视框景、对景、借景等视觉景观的组织

形式与园林景观模仿苏州传统园林的粉墙黛瓦、亭台轩榭、栽花植树、叠石理水、漏窗景框。景观布置上进行简化，不追求丰富的层次，主景以孤赏为主

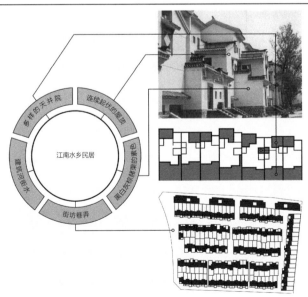

成都清华坊（2003）是剪切江南民居符号要素的典例

就总体布局而言，由于每栋建筑基本控制在一个12m×27m的基地之内，为了寻找传统江南民居不规则外轮廓的感觉，建筑师有意在总平面组团布置以及组团内建筑的布置上进行了前后错动

每户的建筑面积在400m²左右，共三层，后院较大且以高墙围合，为的是营造江南民居中高墙深院的天井空间。除了前后院，中央的采光天井的设置也来自原型

立面与细部直接选取民居中的形式要素，高低错落的深色坡屋顶、屋脊、檐口处的瓦当、屋面小青瓦，三层书房挑出的平台上设置美人靠，都在共同营造"传统"与"江南"的氛围

除了上表列出的四个案例，类似的一种原型的符号剪切案例还有很多。

北京的香山甲第是以四合院为原型进行符号剪切的典例，具体表现有建筑门前的过渡前院，建筑外墙一路到顶的青砖贴面，入口影壁，外院墙的门头，院落中的铜碗、砚台装饰，冰裂纹铺地等。天津的格调竹境也是一例，较多的白墙面搭配深色的勾线与屋顶，是对徽州民居的暗示。程泰宁设计的杭州金都华府虽为高层住宅，但借鉴江南传统建筑的图示与色彩，以逐层退台的深色屋顶、浅灰色墙面、深灰色花岗石底座、局部赭红色阳台隔板，以及琴棋书画主题的雕塑、诗碑等庭院装饰来表达江南意向。

苏州的西山恬园，除了按照古建尺寸设计屋面举折曲线、屋脊檐口、砖细垛头、望砖、戗角、栏杆挂落、柱础等细部，沿河曲折的石砌驳岸、人行步道、曲廊、亭台，分散的起居空间、交通廊道与庭院，都是模拟园林的游赏体验。此外，园林厅堂命名、花木寓意、雕刻书画等，也取传统意向。

（3）没有明确指涉的意象拼贴

除了上面谈到的跨域形式元素拼贴与针对某个原型的形式剪切，还有一类图像地域主义的设计方式，尽管也以"中国味儿"很浓的符号进行拼贴，但没有明确指向某个原型，而是构建一种"印象中"的地域感受。张锦秋主持设计，2002年建成的西安群贤庄，就是一个典例。群贤庄总体布局采用一条环路围绕中心花园，3条主干道向西、南、北3个方向延伸，形成3个组团，建筑行列式布置，为了避免单调，采取了层层跌落的退台式形体，这种形式曾在20世纪80年代传统形式非常兴盛时颇为流行。建筑材质、形式与细部选择上比较简洁素净，以"新唐风"为标签，尽管景观布置上有一部分叠石理水的做法，但主景尺度较大，与园林大异其趣，更多的是为了展现追求"自然"的中国传统居住意识。

其实，无论是北还是南，无论所指是相对模糊的"唐风建筑"，还是明明白白的"徽州民居""中国式"住宅流行于市面的做法，依然是提取中国宫殿建筑、传统民居、园林等几大类建筑类型中人们耳熟能详的样式，加以简化，往往只取其颜色搭配或空间形式的大致样子，将这些图形穿戴到功能分区、模式标准、经济高效的现代住宅之上。

4. 拼贴是要素与对象的叠加

图像地域主义在当代是商品住宅实践中最常用的方法之一。在消费社会的整体环境影响下，利用符号消费对人的巨大控制力，以生产和出售为主要目的完成住宅的设计。为了将其作为一件代表生活方式的商品进行成功的售卖，图像地域主义的实践者借助了后现代主义的布景式方法，从地域原型中选取特征鲜明的要素与片段，拼贴进新的设计。无论是来自多个原型的跨域图像拼接、针对一种原型的符号剪切，还是没有明确指涉的意象拼贴，都是在默认一种"向拉斯维加斯学习"式的符号叙事的合法性。因此，在这类设计手法里，符号的表达是尽可能彰显的，对原型所提供特征要素的分类，是按照"风格"进行的，其设计的逻辑过程是一个比较简单的做加法的过程。

图像地域主义手法的设计过程

四、符号拆解

第三章讨论住宅发展的地域表达时，论述了当代住宅的地域主义实践既有显符号的现象，又有隐符号的尝试。依据上一章总结的四种设计手法，显符号的现象多指图像地域主义的手法，而隐符号的尝试，具体而言包括了三种手法：类型学地域主义、体验的地域主义、人类学地域主义。

住宅地域主义设计隐符号的尝试

前文提到将地域建筑原型中的形式截取到新的设计，其余仍然保持现代居住完整模式的做法。然而在一部分虽为商品住宅，仍然受到市场与资本强力控制的项目中，经由建筑师对地域传统中特征要素的拆解与重塑，得到了与前者完全不同的形式效果。之所以将这种方法称为"类型学地域主义"，是因为在设计过程中，原型中的形式、空间与材料要素在进入新设计之前，已经被建筑师以类型学的方法分析和归类过，不再是以"青砖对青砖，院墙对院墙"的方式粘贴过来。

1. 建筑类型学

建筑类型学的理论体系建立于西方。源于古典主义文艺的类型思想，被维特鲁威移植到建筑学。他对模仿人物性格类型的三种神庙（多立克式神庙、爱奥尼式神庙、科林斯式神庙）的分析构筑了建筑类型学的基础。

（1）三种类型学

到了近代，黑格尔将建筑分为象征型、古典型、浪漫型三类。德·昆西（Q. D. Quincy）在《建筑百科辞典》中通过区别"类型"与"模型"来阐明类型概念，他将类型看作一种对自然的抽象，不可模仿与复制。安东尼·维德勒（Anthony Vidler）在1976年整理了欧洲建筑类型的历史变迁，归纳出三种类型学及其特征。

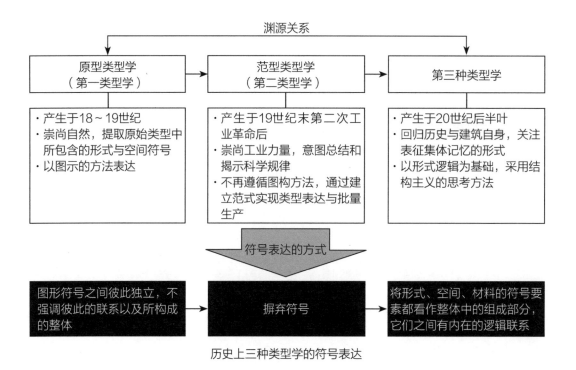

历史上三种类型学的符号表达

真正明确的建筑类型学概念开始于18世纪法国启蒙运动时期，洛吉耶长老（M. A Laugier）提出了"原始棚屋"理论，认为其中隐含着可以作为建筑原则的几何规律，他在其名著《论建筑》中，将原始初民搭建的原始居所看作一种艺术，将一切必要的构建看作美的来源。法国建筑师与理论家迪朗（Jean-Nicolas-Louis Durand）是建筑类型学的创立者，他在《古代与现代诸相似建筑物的类型手册》（*Recueilet Parallele des edifices de tout genre, anciens et modernes*）（1800）中，将所有建筑的发展都归结到原始类型上，建立了方案类型的图示体系。这种学说被称为"原型类型学"（第一类型学），其最终物化的结果是19世纪的城市和建筑。

第二次工业革命以后，科学技术发展逐渐成为主导建筑形式的进步的要素，而几何形式也让标准化生产成为可能。20世纪初，以边沁（Bentham）的"圆形监狱"理论为代表的"范型类型学"（第二类型学）取代了原型类型学。他们不再信奉原型类型学的图构方法，转而将科学技术进步带来的新类型作为主题，其最终物化的结果是批量生产的现代建筑与城市。

20世纪60年代，罗西以形式逻辑为基础，赋予类型学人文内涵，R. 克里尔从历史范例中寻找城市空间的类型，他们强调片段与整体的关系，以结构主义思考方法共同建立了第三种类型学。"第三类型学试图在现代主义建筑和传统城市断裂的前提下，在走过空想的乌托邦和实证的技术革命后，反身思考建筑和历史城市（Traditional City）的关系，并指导建筑实践。"（郭鹏宇，丁沃沃，2017）第三种类型学重视引发集体记忆城市中的形式，试图将现代建筑与历史城市联结成一个统一的整体。

（2）建筑类型学与类型学地域主义设计手法的关系

类型学地域主义的设计手法通过对原型中特征要素的拆解实现对地域传统的回应和再现。依据上文总结的三种类型学符号表达的不同方式，可以看出，本文所提出的类型学地域主义以原型类型学的图示分类为基础，秉承范型类型学依靠科学与理性分析建立范式的方法与目标，一方面拆解出原型中的形式、空间、材料要素，将它们简化为图形，另一方面又主动地规避符号，希望依靠对它们的重组建立新的地域主义范式。总的来说，类型学地域主义在设计过程中呈现一个原型-变型-范型的变化发展。

类型学地域主义与建筑类型学理论的关系

（3）类型学地域主义提取原型特征要素的角度

从分析"原型"的角度展开，当代西方建筑类型学理论主要由两个部分组成："从历史中寻找'原型'的新理性主义的建筑类型学，从地区中寻找'原型'的新地域主义的类型学。"（汪丽君，2002）新理性主义以罗西为代表，提倡用传统材料结合新的建造技术，同时试图阐释建筑与城市间永恒存在的一种复杂关系，建筑在时间和空间中逐渐发展而来的整体印象，即原型，成为理论立足点。而新地域主义，则是指以阿尔托、博塔、巴拉干等建筑师为代表的，从本土文化与地域形式中寻找原型的设计理论。

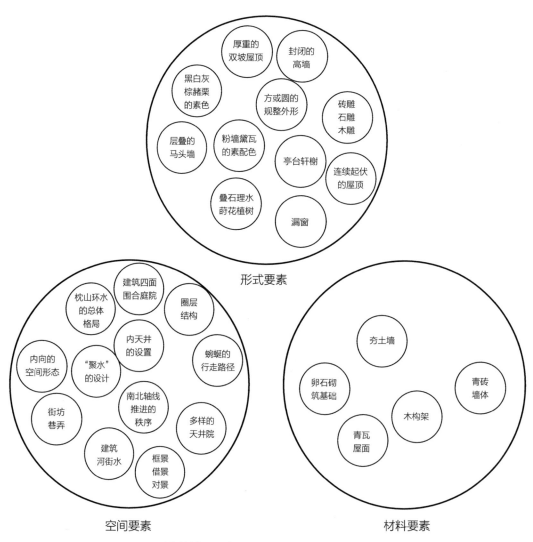

原型中的特征要素以形式、空间、材料三项分类

在当代中国的地域主义建筑实践中，从历史寻找原型与从地区寻找原型实际已经被合并在一起，都被认为是对"中国"这一地域范围内的文化寻根。正如罗西在《城市建筑学》中描述的欧洲建筑的情况一样，随着时间的流逝，许多存在于我们历史与地方文化中的传统建筑与民俗建筑早已失去了原来的功能，但它们的形式保留了下来并重新获得意义，其中之一就是作为类型学地域主义者拓展设计、建立新类型的物料。

比起图像地域主义，类型学地域主义在对待原型中所提取的特征要素的问题上，其分类和归纳方式遵循现代理性的形式、空间、材料三个类别，而不再拘泥于这些特征要素所属的建筑风格。正是这种归类方式给予类型学地域主义在现代建筑与地域传统之间更多的转译可能。

2. 要素的拆解

当代的住宅建筑实践，与民居存在一个重大差异，即建筑师。民居是工匠的作品，是在多年经验积累下，根据实际需要不断修改实践而成的，民居形态中没有某个工匠个人的签名与烙印，而是一时情况的综合，其中包括气候、风俗、社会状况、居住者需求等。

而在社会分工明确、工业化生产的当下，建造也是工业生产的一部分，建筑师需要在破土动工之前进行设计并配合各专业完成一整套施工图，便于工人们按图施工、及时完工。工人不同于工匠，他们负责将图纸变成现实，但不负责考虑建筑空间是否合理、建筑立面是否美观，因此也不存在积累设计经验一说，因为下一次施工，很可能跟这一次是风马牛不相及的建筑类型，他们扮演的角色，是流水线上的一个环节。

除了为个人业主服务的设计，大部分住宅在设计阶段根本不知道使用者会是谁，自然也谈不上考虑他们的具体诉求。因此，当代住宅建筑，尤其是名建筑师作品，在没有其他人能够参与的情况下，往往会具有强烈的建筑师个人风格。当建筑师们接到一个类似地域主义的"中国式"命题时，如果不愿意使用剪切历史片段的简陋方式，自然就要选择其他的应对来完成他们的个人风格表达，比如，拆解不同民居原型中的形式空间材料要素，重新组织进自己的设计里。这个过程不同于简单的形式抓取，是一个对要素提取-简化-重组的过程。

具体而言，有四种具体的做法可以实现这个要素拆解的过程，我们将它们统称为"类型学地域主义"的设计手法。这种手法一定程度上隐藏了特征要素原本具有的强烈符号意义。

（1）用当代材料复述地域传统中的特征形式

这种做法通过形式与材料、传统与现代的交织实现符号的消隐。在借用来自地域原型的形式要素时，将原本的材料替换成现代工业生产现实下的材料，让传统与现代借助形式与材料展开对话。

①九间堂A1型别墅——金属替换瓦做屋面

类似的做法，在严迅奇设计的九间堂A1型别墅（2004年）中也有运用。在九间堂的设计里，建筑师曾明确表示"摒弃采用传统的建筑符号和形式，而以现代的建筑材料及营造标示着我们所处的时代。"（严迅奇，2005）于是低垂的坡屋面是金属管并排而成，尽管形式上类似四合院内下压的厚重屋顶，但材料却截然不同。在九间堂A1型别墅的整体中，大量使用铝材、玻璃、大理石材质，而没有一块青砖、一片灰瓦。这种刻意的替换表达了建筑师规避"地域符号"的愿望，也印证了前文提到的类型学地域主义秉承范型类型学方法和目标的论述。

②涵璧湾花园——金属替换瓦与木做压顶与漏窗

涵璧湾的设计师张永和深谙西方建筑句法学,并且一直在建立属于自己的形式趣味,另一位建筑师柳亦春曾评价说"对建筑语汇的拆解和思辨,一直都是张永和自得其乐的建筑游戏"(柳亦春,2002)。

在涵璧湾这个项目里,他通过墙充分表达了自己心目中的"江南味道",白墙无疑是暗示徽州与江南民居的粉墙;灰色石材贴面的墙是一种区分承重与围护的结构表达,是现代建筑的图示方法;白墙顶的金属压边则神似徽州民居里无处不在的深色墙脊,但是换了材质与做法;金属花格嵌以石材薄片的镂空墙,其空间上似断非断的暧昧态度,则是用江南民居中的屏风与博古架,创造了类似苏州园林中漏窗式的欲说还休。

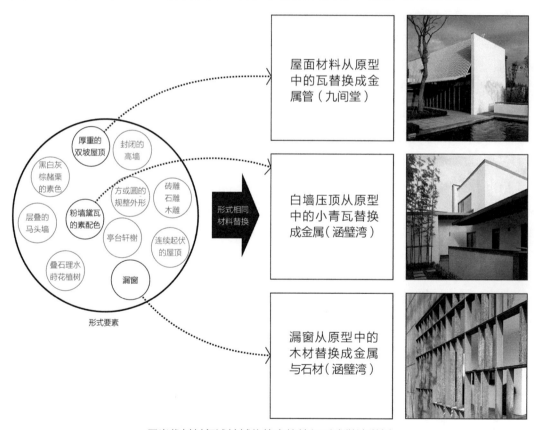

用当代材料复述地域传统中的特征形式做法举例

(2) 用当代材料重复地域传统中的材料构成

地域原型中的材料,具有独特的构成方式。这些构成方式是综合了时间、气候、工艺、原材料取用等多方面因素之后才得以不断传承的。而在当代住宅的设计中,有一种拆解材料要素的做法，是用当代材料取代原有的自然材料，但保留构成方式。这种做法所形成的空间与形式未必与原型相似，但通过材料的替换与重复性同构，可以实现本土材料与当代材料间的链接，完成对本土材料这一特征要素的拆解重组。

①运河岸上的院子——混凝土砌块替换青砖

北京运河岸上的院子建成于2004年，前身是仿北美风格、仿地中海风格的"上河美墅"，由于彼时北京的仿北美、仿地中海风格楼盘泛滥成灾，已成颓势，因而开发商迟迟不敢开盘，请来张永和，希望以"中式"命题为这个项目起死回生。建筑师拿到任务面对的第一个问题是，已经完成了所有规划审批、施工图报建等程序，样板房也已建好的项目，在总体布局和建筑空间上无法改变，只能针对景观与立面进行调整，以达到"中式风格"要求。

面对形式与空间都与"中国性""地域性"背道而驰而又不能更改的状况，建筑师选择保留建筑原有结构骨架，剥除原本建筑表皮上大量堆砌的形式符号，取而代之的是尺度接近传统灰砖的半模混凝土砌块，建筑节点独立设计，但有意包裹在表皮之中。比起尽量夸张、宣扬，以达成强调独特性目的的手法，在这里整个的操作过程中建筑师却是以精细化的设计手法避免"中国式"的符号暗示。然而，在不允许改变总体布局与空间结构的"西式"向"中式"转换的要求下，如果完全抛弃符号，是无法完成任务的。选择灰色的混凝土砌块，暗示北京胡同与四合院中的青砖，尺度上也寻求相似，这些做法本身就是为了指向传统青砖这一材料符号。但比起直接以青砖砌筑甚至贴面，增加了对现代材料与建造的链接，而且在接近细看的状态下，能够展示出与传统青砖的差别。

②二分宅——混凝土基础取代石砌基础

张永和的另一个作品北京长城脚下的公社"二分宅"（2002年），尽管有塑造"院宅"空间的意图，但从整体建成效果看来，这个作品对空间的强调远不及材料配置与使用上的考虑。建筑师本人将二分宅的材料使用称为"中国传统土木建造的当代阐释"（张永和，2002）。建筑的结构体系由夯土墙与胶合木框架组成，落在下方的混凝土条形基础上。结构的配置方式与福建土楼很相似，甚至在开始阶段，基础的砌筑也是像土楼一样，考虑采用石砌，然而最终换成了混凝土基础。这虽然是在结构工程师建议下做出的妥协，但也在无意中形成了一个从本土材料指向现代材料的链接：依据土楼原型中卵石基础-土墙外围护-木框架结构的基本材料组合，用混凝土取代石材，完成地域传统中材料符号与现代建造的搭接。

值得说明的是，二分宅对原型中材料符号的拆解，只体现在混凝土基础替换石砌基础这个无意中形成的细节之处，这个作品对土与木这两种本土材料的使用，更多的还是指向将符号结构化的体验的地域主义设计手法。有关这一点，后文还会有更进一步的讨论。

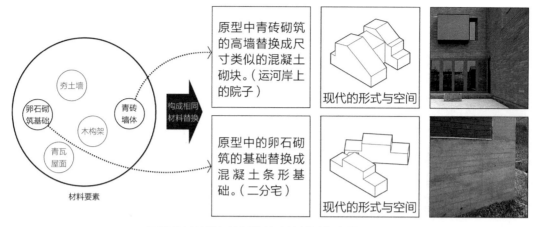

用当代材料重复地域传统中的材料构成做法举例

（3）用现代形式复述地域传统中的特征空间

这种做法可以与前文提到的"图像地域主义"设计手法形成对比。如果说图像地域主义是在一个现代的空间外粘贴和包裹来自地域传统的形式要素，那么我们将要讨论的这种做法恰恰相反，是以现当代的形式去完成有地域性特征的空间。来自原型的空间要素被抽象和提取之后，其中的关系通过现代的形式语言重新表达，形式与空间、地域传统与当代语言，能够在这个过程中实现交织与互动。

①本岸新院落——白方盒子做成的江南村落

标准营造早年在苏州的住宅项目"本岸新院落"（2008年）就采用了这种做法，通过现代感很强的白方盒子形式塑造了沿水排屋、天井住宅等江南传统城镇的特征空间。基地靠近两条河流，周围有一些自然生长的村落，总体布局以传统村落自然生长的形式为原型，鱼骨状展开：单体构成片段，片段构成组团，组团构成院落，街巷联结院落。建筑单体小面宽、大进深，户户都有前中后三重院落。高墙窄院的空间形态与粉墙邻水的组合关系，暗示江南水乡民居的氛围，但形式上没有直接采用坡屋面、瓦顶、花格窗等民居与园林的形式片段，而是仍以形态方正的现代白盒子为主。

②江南润园——白方盒子做成的水岸天井住宅

上海中房建筑设计有限公司设计的嘉兴江南润园（2009年），核心方法与本案新院落类似。整体布局以水为线索，蜿蜒曲折的水巷将基地划分成一个个岛，寻求园林中"水必曲，园必隔"的空间特性。低层别墅区两两相连，背街面水，模拟江南水乡的空间氛围。单体以院落为核心展开，由建筑、挑廊、围墙组成南向主院，周边有建筑与围墙形成的"夹院"。院落中叠山理水、堆石栽竹，意指江南园林的内向天地。形式上以粉墙、黛瓦、漏窗、檐廊回应江南民居的"素"与"景"。

③康桥水乡——素简形式的水乡城镇

另一个取"江南水乡"要素拆解的是上海康桥水乡（2005年），社区总体布局中住宅基本都采用"排屋"的形式，密排水边，住宅区中心地段采用底商，形成一条商业街。这种做法是沿用江南民居依河而建、连成河街的传统。景观上康桥水乡三面环水，内部河网纵横，河上分布着大大小小十余座桥，均是较少雕饰的石桥。为了贴近水乡生活的意境，采取邻水住宅前设河埠头的形式。建筑院墙很高，形成天井的感觉，外观使用黑色单坡顶和素色外墙，与江南民居色调一致。

④东梓关村农民回迁房——现代界面构建的曲折巷弄

GAD在浙江杭州东梓关村做的农民回迁房（2016年），是当代住宅地域主义设计中不多见的服务于低收入者的案例。建筑师从传统江南城镇中拆解出曲折狭窄的街道这一空间符号，通过不对称坡屋顶、不规则开窗等现代的建筑形式形成界面，共同描绘出一组江南的街巷空间。

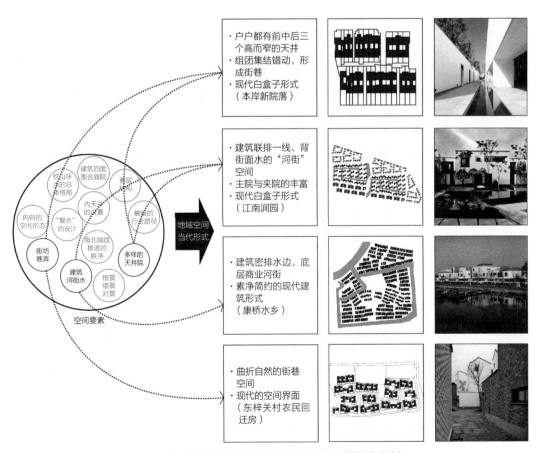

用现代形式复述地域传统中的特征空间的做法举例

本案的群体生成是从单体的设计开始的。由于每户的基底占地面积不能超过120m², 而建筑师又不希望最终形态太单调, 因此经过几轮比选后, 确定了小面宽、大进深（11m×21m）与大面宽、小进深（16m×14m）两种基本盘, 空间构成上通过建筑与墙体的组合, 让院宅空间彼此穿插交织, 一共形成四种基本的平面类型。这四个单元组合在一起时, 前后有错动, 左右有镜像, 因而构成了不规整的组团边界, 同时还拥有一个几户共享的组团院落。组团排布时, 又遵循周围建筑与道路形成的自然的场地形态, 因此最终造就了十分有机的整体布局。这个从单体到整体, 同时遵照环境发展的过程, 十分类似于一个村落由少到多、由简至繁的发展过程。

由于村民私家车保有量很低, 多数村民靠电动车出行, 因此停车集中布置, 建筑之间留下的, 是仅供人行的窄街, 行走在蜿蜒曲折窄街里, 能见到两边高耸的院墙、零落的门头、提供少量交流的花格砖, 江南城镇巷弄的空间与情景塑造在一定程度上得以实现。

（4）将地域传统中的特征空间图形化, 并以现代的设计逻辑重新组织

将特征空间图形化的做法, 源于原型类型学中迪朗创立的建筑方案图示体系。当代建筑师分析原型提供的空间关系, 将其提炼与抽象。这个过程所形成的空间符号, 经过建筑师现代设计逻辑的重新组织, 最终产生可以作为范式的新空间类型。

①涵璧湾花园——空间化整为零

以本节开头已经提到过的涵璧湾花园为例。涵璧湾从总平面布局开始, 就有做江南院宅的意图。所有的住宅都如同江南水乡民居那样沿河岸布置, 局部还做了类似"河埠头"的小平台伸向湖面。然而, 连续的沿水空间跟江南河街的功能有差异, 原本由河街承担的多种功能在这里被拆分成了沿河的连续景观空间和内部的连续交通空间两块。此外, 它们的尺度也不尽相同, 建筑密度更是天壤之别, 只能造成一个模糊的影像和微弱的联想。

比起总体布局所受的限制, 建筑师在建筑单体空间中, 充分解读了江南水乡民居中"多样的天井院"这一空间要素。具体来说, 就是"化整为零": 建筑内部的各个功

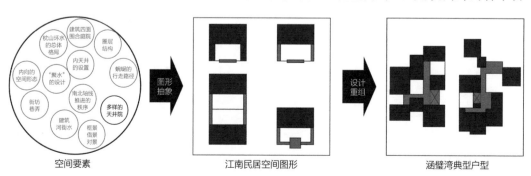

涵璧湾对原型空间要素的抽象与重组

能空间被分解成若干建筑的合集，主要空间彼此独立，用交通空间串接。就庭院本身而言，高而深的形状与制造穿堂风的功用符合江南天井住宅的设计原则。院落形态上大致有三种，一是四面围合的全封闭天井，二是侧向围合，单边开放或用格栅的三合院，三是高度较低的下沉院。

②九间堂A1型别墅——空间拆分与轴线秩序

严迅奇设计的上海九间堂A1型别墅，从北京四合院与江南民居的空间符号中抽象图形，进而通过现代的设计组织完成了多层次的庭院设计。

有关个人以往的别墅设计，建筑师曾惆怅而不乏幽默地表示："第一，我自己从没有住大房子的经验，故不可能有这方面真正的心得。个人的亲友，亦无住别墅的条件，因此少有机会去体会住大宅的感受，只限于偶然到客户家中应酬所见所闻，此中领悟到的只能是皮毛。第二，别墅客户的要求是很个人化的，也因此是极缺弹性的。特别在香港，住得起别墅的一般都是年长者，品位已是比较定型及保守的一辈。因此这类项目一般都极难产生业主与建筑师的共鸣。"（严迅奇，2005）

在这个项目里，建筑师用拆分实体的方式，使建筑的宅与院呈现与四合院相似的关系，宅环绕院，院连结宅。功能空间彼此独立，以交通廊道连接，建筑围合庭院，外围以实墙限定场地。建筑师理解中国传统居住文化注重礼法，一个大家庭住在同一屋檐下，既讲究长幼顺序，又讲究男女差别，是层级分明的。既有重要的公共空间，但同时也注重个人私密空间的。这个设计在形上既有四合院的影子，又有南方私家园林大宅的影响：主要起居空间位于中轴线上，前方是矩形的对外庭园，后方是正方形的家庭庭院；在朝向两个庭院的一侧，做了檐口低垂的坡屋面。站在前院看向大厅，能够明显感觉到脱胎于四合院的空间构成，然而两侧的水面暗示了江南民居的"水"属性，建筑侧边的天井也有江南民居的影子。

像九间堂这样，以四合院为基本型，在院宅关系上进行错位与变化的，还有迹·建筑事务所2015年在北京实践的"四分院"。这个小住宅用功能空间围合共用的客厅，每

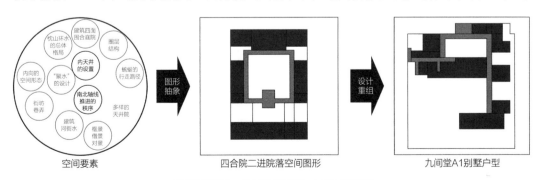

九间堂A1别墅对原型空间要素的抽象与重组

个实体都有各自的天井小院,是对四合院与江南水乡民居中庭院要素的拆分重组。

③土楼公舍——内向的圈层空间变异

都市实践2008年在广东佛山的"土楼公舍"(又名万汇楼),同样采用了拆解原型空间符号的方式。土楼公舍占地共有278间公寓,8间旅社,11间商铺,最多能容纳1800人居住。这个小户型集合住宅,有一个明确的原型:福建土楼(圆楼)。作为承担大家族聚居,还同时集储藏、集市、祭祀、防御等功能于一身的大型综合体,土楼的居住空间排布方式非常适用于小户型集合住宅,环形平面构成圈层结构以及内向的中心庭院也是营造社区感的常用方法。

建筑师刘晓都在讲座中曾经谈到,土楼公舍之所以选择福建土楼作为原型,很大的原因是业主万科对土楼这一民居原型的兴趣。从这个出发点上来看,似乎这个项目与那些以"江南园林""唐宋遗风"等标签为目标的住区差别并不大,但区别在于,土楼公舍所要解决的居住问题,与福建土楼的空间特质十分吻合,这种吻合给予土楼公舍提取土楼的空间图形并可以依据自身功能需求实现空间符号转译的可能性。

于是我们最终看到,土楼公舍圆形的内向个性,圈层空间从外至内从居住至活动的院宅关系,是对福建土楼外层居住、内层院落、中心祖堂这一关系顺理成章的拆解和重组。"利用土楼的单元式平面布局与当代的集体宿舍或单身公寓都极其相近的特点,突出其向心性易于形成社区感和领域感的特性,使这个传统形式更好地适应现时的城市居住要求。"(刘晓都,孟岩,2006)从环形圈层结构的福建土楼到最终"e"形的土楼公舍,其间经历了花瓣晶体结构、园中园、内四合院落、虚边界、匀质院落、漫游院落等多个阶段,最终才确定了e形环体的基本模式。在e形的开口处,自然形成社区入口,而方形和圆形之间留下的,则是社区的内街。

从土楼公舍原本的设想来看,是要塑造一个外部封闭,内部交往频繁、活动丰富的社区。其高耸的外墙、外墙上密集的混凝土格栅,以及较小的开口,都实现了内向的姿态,

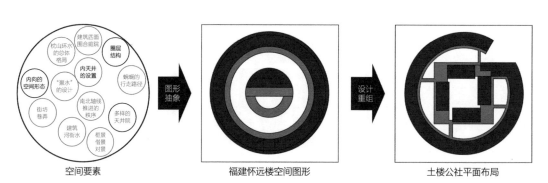

土楼公舍对原型空间要素的抽象与重组

第四章　符号显隐：当代住宅创作　　123

土楼公舍外墙的格栅与小开口　　土楼公舍中央庭院与屋顶平台　　内部空置的月牙形院

然而与许多当代住宅一样，内部邻里生活的缺失问题，在此也并未得到妥善解决。大部分时间，各家户门紧闭，中央的平台主要作为晾晒衣物所用，而地面的月牙形空间，更是完全空置。尽管有少量商业，但多为幼儿教育、洗衣房等不促进停留与社交的功能。土楼公舍跟很多当代地域主义住宅建筑的最大差别在于，它跟东梓关村回迁房一样，是为低收入人群提供住所的。从设计之初，建筑师的目标就是为这个群体解决在一个大社区生活的问题，而不是完成某个特定的风格。因此，尽管福建土楼的空间构成方式已经成为民居中的一个极富特点的符号，但在真正的生活支撑下，这个符号没有仅仅作为一张标签，以或笨拙或巧妙的方式粘贴在设计里，成为了居住的一部分。虽然在生活的实现上未达预期，但这个项目的实验方式对重新理解"圆形土楼"这个符号，很有借鉴意义。

最近土楼公舍的使用情况再次发生变化，据里面的租客反映，土楼公舍开始转变部分户型，上下打通做成了复式住宅，未来有可能成为面向市场的租赁房。

④钱江时代——江南城镇局部平面的竖向演绎

王澍的杭州钱江时代，是一个高层商品住宅案例。钱江时代6栋近百米高的建筑组成，建筑师对这个设计的设想是"用200余个两层高的院子叠砌起来，结构如编织竹席，整个连续的立面实际上是一座江南城镇的局部水平切面被直接竖立起来，每一户，无论住在什么高度，都有前院和后院，每个院子都有茂盛的植物；这已经不是普通的住宅设计，而是在召唤一种业已逝去的居住方式，显示一种对土地的眷恋，验证一种理想"（王澍，2012）。从这段描述不难读出，建筑师在这个项目中，希望能够在垂直方向的Y轴上拆解和重现一个江南城镇。这种方法，跟前文提到涵璧湾与九间堂的化整为零，喜洲竹庵的空间置入，本质上是相同的，都是在转述地域传统中的院与宅的关系。

王澍对"中国式住宅"这一命题始终有自己独到的见解，今天我们所提到的中国式住宅一般是指一种形式风格，如果将这个命题放到曾经全民参与、自发建造的社会环境中，所谓的"中国式住宅"，其实是一个伪命题。所有的住宅建设都与土地、工具、材料、气候、宗族繁衍、社会体制等方面紧密相连，"在地性"是一个无需多加思考的问题。然而，当建筑师这种职业出现之后，建造就变成了有规模有组织的生产活动。

钱江时代板楼概念草图　　实际建成效果，连续的折线与半凹半凸的　　实际建成效果
（图片来源：业余建筑工作室. 钱江时代　　阳台
（垂直院宅），杭州，中国. 世界建筑，
2012（5）：105.）

在钱江时代最初设想阶段，王澍也曾希望加入30%的自发设计，在混居概念的指引下，根据比较定型的设计做一个两层小院，有2～6户双数居民进行二次建造；随着工程的进展，各方利益的牵扯，后来这个比例被减到3%；最终这样的自发建造没有实现。尽管建筑师通过立面上连续堆叠的两层高凹进空间从形式上实现了江南小院的竖向重建，但没有实现的"垂直森林"和自发建造，也从空间和建造过程上阻碍了这种重建的完成，但建筑师把江南城镇这一原型作为空间图形来源重新组织建造的意图，是很明确的。

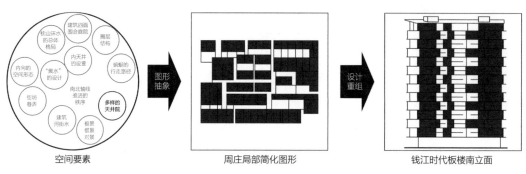

钱江时代对原型空间符号的抽象与重组

观察钱江时代最初的概念草图与实际建成效果，不难对比出，在概念阶段比较明晰的空中合院，最终呈现出的，更像是外皮包裹出的一系列形状不规则阳台。原本在体量上挖空，堆叠出院落的概念被一连串水平线条取代了。尽管将地域性实验推向大量集中居住类型的尝试十分可贵，但比起实际的空间效果，"垂直院宅"还是更像一次民居符号的不完全移植。抛开受市场因素影响而束手束脚的住宅设计，王澍在中国美院象山校

区使用的山石形状建筑体量、绵延的曲面坡屋顶、内外穿插的连续移动路线,其中暗示的园林意蕴,比起钱江时代,反而更能展现出"江南院宅"的中国味道。

从象山校区开始,王澍对合院、园林、山水画等"中国性"很强的要素表现出越来越浓厚的兴趣,其手法也从白盒子转向多种材料颜色形状的运用,甚至被戏称为"越来越不干净"。然而这一切都建立在他之前研究与实践的基础上,绝不是拼贴地域元素,他的手法,更确切地说,是对地域符号的结构化表达。

3. 从原型到范型的过程

本文讨论的类型学地域主义来源于帕弗莱兹归纳的出现在现代主义运动时期的"思想的地域主义",是一种以类型学分析为前提的地域主义设计手法。它以第一类型学的图示分析为基础,二者同样重视原型在设计过程中的作用;但在方法和目标上,类型学地域主义与第二类型学相似,希望通过理性的分析与设计变型,制造可以成为范式的地域主义建筑。这个目标与"批判的地域主义"理论,一定程度上也是吻合的。

类型学地域主义将原型中常用的特征要素按照形式、空间、材料三项分类,并从中选取所需要素进行设计变型,其过程大致可以看作:

1)从原型中提取特征要素,这个要素可能是形式的、空间的或者材料的;2)对原型所提供的要素进行图示解析与设计变型,这种变型可能是对形式、空间、材料三项中某一项的当代替换,也可能是对图形所展现出的空间结构作调整;3)形成新的类型与范型,以类型学地域主义设计手法完成的设计,由于其有迹可循的生成过程,其结果往往也能够建立范式,成为其他实践可以效仿的对象。

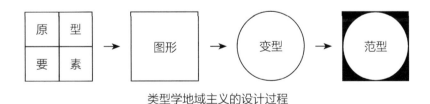

类型学地域主义的设计过程

原型-变型-范型的具体做法小结

原型要素	变型	范型
厚重的双坡屋顶	金属替换瓦	九间堂A1型别墅
粉墙黛瓦的素配色	金属替换小青瓦	涵璧湾花园
漏窗	金属与石材替换木	
青砖墙体	采用尺寸与青砖相近的混凝土砌块	运河岸上的院子

续表

原型要素	变型	范型
卵石砌筑基础	混凝土基础取代石砌基础	二分宅
街坊巷弄	现代白盒子	本岸新院落
	现代的空间界面	东梓关村农民回迁房
建筑河街水	素简方盒子体量	康桥水乡
多样的天井院	现代白盒子	江南润园
	空间化整为零	涵璧湾花园
	空间竖向演绎	钱江时代
内天井设置与南北轴线推进的秩序	打破对称性	九间堂A1型别墅
内向的空间形态与圈层结构	图形的几何变换	土楼公舍

在上表演所概括的整个过程中，设计既仰赖于地域原型所提供的丰富的符号，又小心翼翼地试图规避符号。因此，通过对当代材料、形式的替换链接或者空间的变异，类型学地域主义一方面建立了新的可以被广泛采用的范型，另一方面又将原型的符号隐藏到新类型的背后。

五、符号结构化

在前文提到的两类设计手法里，图像地域主义拼贴原型中的特征片段，对符号的处理是彰显的，类型学地域主义通过对特征要素的图形化处理与设计中的替换、变异，力图隐藏设计中存在的符号。无论哪一种方法，都是将原型中的片段看作独立的要素来处理，而没有考虑其作为整体中组成部分的作用。

然而当代中国还有一部分住宅实践，在有关地域主义问题的探讨上，借鉴了鲁道夫斯基对乡土建筑中除了基本图形以外的装饰部件等其他要素的重视，采取结构主义的思考方法，将原型中的特征要素看作整体的组成部分，以结构化的方式置入新的设计。特

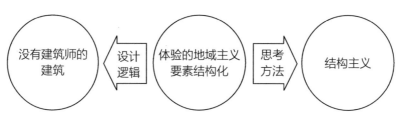

体验的地域主义设计逻辑与思考方法

征要素的结构化能够从整体上带给观者地域感受,而不仅仅是在某些局部唤起乡愁或回忆。我们可以把以这种方式实现的地域主义称为体验的地域主义。

1. 没有建筑师的建筑

(1) 没有建筑师的建筑

1964年11月到1965年2月,纽约MoMA举办了题为"没有建筑师的建筑"(Architecture Without Architects)主题展览,鲁道夫斯基在这场展览以及之后的出版物中,向世人展示了一系列"非谱系"建筑。他认为那些只关注某几种文化的建筑,那种对所谓的建筑艺术的区分是一种本位主义偏见,他想要人们看到一些不那么熟悉的内容,可以称之为本土的、无名的、自发的、当地的、乡土的等。这些建筑不是来自建筑师的设计,很多都由非专业人士完成,可以说是过去几千年人类的集体创作。他所举的例子包括秘鲁的露天剧场、瑞典的墓穴、西西里岛的聚落、非洲的树屋、希腊锡拉岛的小镇、意大利的山城、多贡的悬崖居住、土耳其的澡堂等。消除地域与文化的偏见,用世界视角来看待建筑学科,这次展览与这本书的意义十分重大。吴良镛先生曾在《广义建筑学》中做出总结:"20世纪70年代以后,《没有建筑师的建筑》一书问世,在建筑界引起了很大反响,一些已被忽略的乡土建筑,重新被发掘出来。这些乡土建筑的特色是建立在地区的气候、技术、文化及与此相关联的象征意义的基础上,许多世纪以来,不仅一直存在而且日渐成熟。这些建筑中反映了有居民参与的环境综合的创造,本应成为建筑设计理论研究的基本对象。"(吴良镛,1989)

在《没有建筑师的建筑》中,鲁道夫斯基也提到了中国的古代城市以及中国河南的阶梯状地貌。在中国,类似的集体创作的建筑,同样分布很广且类型繁多。我国的乡土建筑研究起步于民居,刘致平先生在20世纪40年代初就对云南、四川等地的民居做了大量调研;梁思成先生编写《中国建筑史》时对民居进行过分区研究;20世纪50年代刘敦桢先生著《中国住宅概说》,论述民居建筑发展历史及典例;华南理工大学杨谷生、陆元鼎教授在新世纪初编著的《中国民居建筑》,按照历史与地区对中国的民居进行了系统的梳理。

(2) 乡土建筑对各种要素的融合

对于乡土建筑而言,很多研究者还是以"世外桃源"的态度看待它们,如单霁翔在《乡土建筑遗产保护理念与方法研究》中论述的那样:"乡土建筑遗产不仅是历史文化村镇的年轮,还是鲜活的人文教科书。它们应一方水土而生,印刻着鲜明的地域特征,具有经年累月由时光编织而成的秩序,具有融入民众血液的规则,成为世世代代恒久流传的文化基因。乡土建筑遗产存在着浓厚的地方特色,以世外桃源般的田园风光,保存完好的布局形态,工艺精湛的建筑造型和丰富多彩的文化内涵而闻名天下,每一建筑类型

均有着明显的地域性、时代性差别，以及社会功能、建筑形制、材料特征和艺术风格等方面的差异。"（单霁翔，2009）

尽管乡土建筑的确能够反映地域文化特征，但其是否真的"隔绝于世"受到了部分学者的质疑。清华大学的张力智在他关于乡土建筑的研究中，就专门分析过中国古代乡村的"逆城市化运动"，认为乡村在文化、政治、经济等多个领域始终受外界影响，并非独立与自治；而想要更充分地阐释中国的乡土建筑，须找到更开放的文化判定标准。这一观点，与英国建筑史学家柯蒂斯讨论地域问题时认为外来因素也应当被纳入考虑的观点不谋而合。他在《走向真正的地域主义》一文中，曾有如下描述："（地域主义的）目的是梳理不同的层面，去探究本土原型是怎样被外来形式改变的，反过来外来形式又是怎样融入本地文化土壤的。现阶段的任务就是保持这种进程：在本地、国家、国际之间寻找平衡点的进程。"（柯蒂斯，1986）

从中外学者的论述中，我们能够看到当代乡土建筑具有三个明显的特征：1）没有建筑师的建筑，自发形成。2）无论在历史维度还是地理维度，都具有鲜明的地域特征。3）受到外来因素的影响，不自觉地参与了全球化的进程。其中，第二与第三个特征，正是当代地域主义实践孜孜以求的目标，因此，一部分建筑师会借鉴乡土建筑的生成逻辑，以完成"地域传统"与"当代建造"的融合。

2. 结构主义的思考方法

（1）语言学、符号学、结构主义

结构主义是20世纪60年代出现在法国的文学批评方法，其最重要的基础是索绪尔的普通语言学模式，他认为文学与任何其他形式的社会文化活动一样，可以用符号学原理进行分析。语言符号的能指（如词的发音与形状）与所指（能指所指向的概念与对象）之间并不具有直接相连的关系，因为某一种语言符号对另一种语言完全丧失约束性。语言是相互依赖的词的系统，每个词的价值仅取决于其他的词要同时在场；语言的审美效果与它本身的关联不大，关键在于它与背景语言的关系。这也是结构主义的核心，建立作品结构形式的符号系统。在这里，语言不再是工具，而是文学作品的主题。结构主义者把文学作品看成一个整体，"索绪尔研究的终点是一个句子，巴特把一部文学作品看成是一个大句子。根据语言的结构先于任何信息和事实的原理，信息和现实只能是语言系统的产物，而不可能是相反。"（王允道，1996）

（2）结构主义、罗西

结构主义的思考方法，被意大利建筑师罗西运用在了欧洲城市与建筑的分析上。他在他最重要的著作《城市建筑学》开篇就提出了将城市作为一个建筑来理解，然而并不是指所有看得见的建筑与图像的总和，而是所有历时的建造。他使用"城市人造物"（Urban Artifacts）的概念，让建筑这个词脱离绝对的物质状态，成为社会生活创造出的一部分。他所描述的城市整体性令所有的建造活动都遵循一定的规则，以完成构成整体的过程；如果某些部分损毁或者缺失，重新建造时也会遵循同样的集体原则。此外他强调了形式的重要性，认为建筑的独特性与时间延续性存在的基础就是它的形式。这些观点都符合结构主义的整体思考方式以及对语言地位的强调。

罗西的分析城市与建筑的方法对许多学者都产生了影响，童明在分析《城市建筑学》的文章中曾指出："如果进行仔细辨分，可以发现柯林·罗的Collage City，克里尔兄弟对于城市空间的类型学研究，彼得·埃森曼的Cities of Artificial Excavation，伯纳德·屈米的Events City，莱姆·库哈斯的Delirious New York等工作都极其深刻地受到了罗西的影响。"（童明，2007）

（3）罗西与王澍

中国建筑师王澍，也是其中之一。作为当代中国践行地域主义最具代表性的建筑师之一，王澍在他的博士论文《虚构城市》中，就展现了他认识城市的结构主义方法。他的论文上篇以城市设计的语言学转向为主题，论述了城市、建筑、园林、类型学、符号学、功能主义、形式主义、结构主义等多方位的话题。他将城市营造看作一个整体，想打破学科间壁垒分明的类别。他观察了罗西与索绪尔之间的关联性，对如何从操作层面思考"以空间语言把握世界"也受到了罗西的影响。刘东洋曾对这一点有十分肯定的描述："王澍自己吐露说，他在罗西身上最为看重的东西在别处，说到底，还是罗西在《城市建筑学》中所采用的结构语言学框架。"（刘东洋，2013）结构主义的思考方法，后来也很自然地被王澍运用到了设计之中。

结构主义的基础与后续影响

3. 对形式逻辑的关注

（1）选例：象山校区与"假山"

①象山校区

如果说结构主义是建立符号系统，将语言从装饰与工具变成符号与内容，那么王澍在完成博士论文之后的第一个项目中国美院象山校区，就是在践行一种对古典园林符号的结构化表述。尽管这不是一个住宅案例，但它在当代建筑地域主义实践中的价值，以及典型的符号结构化方法，都值得作为引出后文讨论的典型。

象山校区前后两期工程分别完成于2004年与2007年，在这个项目尤其是二期中，贯穿整个设计的是建筑师造园理景的思想，取材于杭州灵隐寺千佛岩的"山房"、暗示江南水乡微波起伏意境的"水房"，这类表达在他后来的住宅作品钱江时代中也有体现，尽管事实证明在立面上进行如此意象化的操作，比起平面来难度要大得多。从总平面一期（象山北侧）与二期（象山南侧）的对比不难看出，二期在总体布局上较一期显得更为放松，场地与建筑的界限更模糊，动线也更加蜿蜒。"整个校园的建筑摆放是在反复思考之后，几乎于瞬间决定的，如同书法，这个过程不能有任何中断，才能做到与象山的自然状态最大可能的相符"（王澍，陆文宇，2008）。

场地上并没有栽竹、叠石、做漏窗、布置亭台楼阁，在行走时却有类似园林的起伏与变化。依据童明的分析，"在王澍阅读的文本中，童寯先生所著的《江南园林志》可能是频次最为密集的一本。王澍提及最多的，应该是童寯先生在书中提出的造园三境界：第一，疏密得宜；其次，曲折尽致；第三，眼前有景。"（童明，2013）不仅是建筑群与象山的关系，即便在建筑单体中，建筑师也展现出很强的园林意识，如二期实验楼中在室内外连续穿行绵延的廊道，19号教学楼对面形似太湖石的体量，教学楼本身水波状起伏的屋面，都以明确的形式比拟自然，跟造园师法自然的出发点一致。王澍对形式符号不太避讳，这跟他结构主义的思考方式以及之前所经历的思考实践不无关联。在他的语言体系中，形式并不是工具，而可以是主题。

② "假山"

跟象山校区以建筑体量暗示山石的做法类似，另一个颇具争议的案例是MAD事务所2010年发布，至今仍在建设中的高层住宅综合体：假山。建筑师用一组体量巨大的高层建筑，沿着海岸线连绵起伏，屋顶和孔洞中设置羽毛球、攀岩等户外活动功能，希望通过山形的体量来提示人与自然的交流。这种表达方式在尺度和实际感受上尽管存疑，但无疑是对传统园林叠石理水以求自然这一叙述逻辑的重现。

（2）形式逻辑的重要性

比起图像地域主义与类型学地域主义中提到的具体做法，体验的地域主义看似最不关注形式，实则不然，这类方法在结构主义的思考方法之下，虽然不重视原型中具体的形式外观，但对形式逻辑的看重要远远超过前面论及的两类方法。在这种方法里，符号被看作一个事件，建筑师研读其背后的逻辑，并依照这个逻辑以现代的形式语言讲述现代的建筑事件。在这个叙事的过程中，外来的、当代的影响因素会被自然地补充进来，形成地域传统与现代建造的连结。

4．要素的结构化

象山校区设计中所表现出的对建筑及其环境的整体性思考，一方面基于对地域传统设计逻辑的学习，另一方面基于对本土材料木与瓦的利用。象山校区的设计概括了体验的地域主义在当代中国实践中的主要方向，很多建筑师在他们的住宅实践中采取体验的地域主义设计手法时，也同样遵循这两个方向，而在做法上，具体而言包括：1）造园；2）围院；3）融入自然场所；4）重置本土材料。

（1）造园

"造园"是不少当代建筑师在践行地域主义时愿意采用的设计方向。他们将传统园林中所展现的画意与文人理想看作中国式居住最突出的特性。比起对园林中特征形式意象的堆砌，他们在新的设计里，跟王澍在象山校区所采取的做法一样，往往不会置入立刻唤起人们园林联想的形式，而是通过对这些形式背后逻辑的演绎，将符号结构化表达，令观者始终能够感受到符号隐约的存在，却无法指出具体的片段与位置。

①喜洲竹庵——蜿蜒的行走路径

赵扬建筑工作室设计的喜洲竹庵，位于云南大理喜洲镇城北村，是画家蒙中夫妇的私人住宅。在这个项目里，建筑师学习江南园林的设计逻辑，在建筑中置入多个院落，以虚实的交错、界面的模糊、动线的曲折、景框的暗示完成了一个具有园林体验的住宅设计。

本案西侧的城北村，是传统白族民居建筑保存较多的区域，与基地相邻的就是典型的"四合五天井"制式民居，而竹庵的设计特意想去延续周围传统民居院落的内向性特征，用大大小小的9个内院与天井来组织空间，院落主要沿南北向展开，东西向有小院零星散落。建筑实体、半开敞空间、露天院落三种空间在一个整体里彼此穿插，形成虚实变化的节奏。建筑师赵扬曾在文章中提到过这种庭院穿插的空间关系的来源："看场地的时候，我想起了几个月前在斯里兰卡参观杰弗里·巴瓦自宅的经历。那是一个经过好些年头不断改建和加建成的房子。几乎是一层铺开的平面，大大小小的花园和天井穿插在各种功能房间之间，室内外没有明确的限定，阳光、热带的植物、水的光泽和声响、各个年代的家具和巴瓦周游世界收来的物件，交织成一个迷人的氛围……于是我开始想象一个把房间和'园子'混在一起的住宅，把功能空间和游息空间交织在一起，让室内、半室外和完全露天的空间不经意地过渡，让功能性的行走同时也成为游赏的漫步。于是我就拿着巴瓦自宅的平面图和照片跟夫妇俩讨论这个设想，果然一拍即合。"（赵扬，2016）

建筑界面的模糊，室内室外关系的不确定，是江南园林的一个重要特点，园林中大量的亭、台、廊，都是半开敞的空间。而在喜洲竹庵里，实墙、玻璃以及竖向无隔断顶棚限定空间的方式是形成不同空间界面的主要手法，不同的界面能够在行走的路线上为视线的远近与景观的显隐带来持续不断的变化。

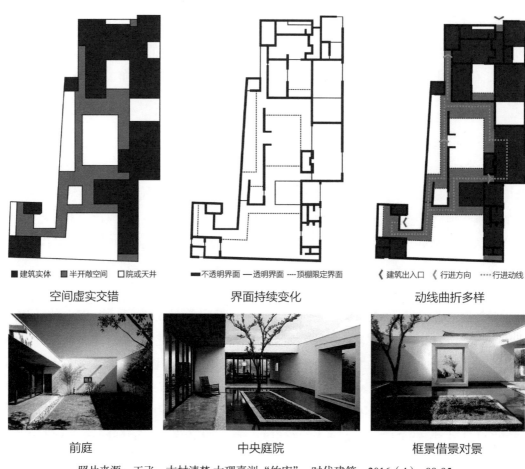

空间虚实交错　　　　　界面持续变化　　　　　动线曲折多样

前庭　　　　　　　　　中央庭院　　　　　　　框景借景对景

照片来源：王飞. 古村清梦 大理喜洲"竹庵". 时代建筑，2016（4）：88-95.

建筑位于一条东西向古巷的最东端，从西面接近建筑时，首先会看到一片长长的白墙，如同民居中的照壁。顺着墙壁延伸的方向往南再往西，才是主入口。推门后先看见一个小天井，需再转180°向东，才能进入真正的前庭，开启整座建筑的空间序列。这种进入方式，依据业主蒙中夫妇对当地古老民居的观察理解，宅门需向东开，既是遵从风水，也是尊重民俗。喜洲民居很少将宅门直面街巷，而是以小天井过渡，宅门退后。正式的空间序列从南到北一共40m。前庭很开阔，可以进行多种户外活动，东侧即为客房，与中央庭院间以餐厅相连，而餐厅东侧的厨房直面田野。中庭被水面环绕，因而不能直接穿越，须转右侧进入起居室，或者经过侧边的南北向长廊，到达住宅后部的居住空间。这种观之近、行之远的做法，有园林的意味；在穿越边廊的过程中，还会经过一个园林暗示更重的景框，从起居室看向景框，长院中的一株野茶树与一块景观石正好入画，构图匀称，情致盎然。同样的借景还出现在长院墙上方，一线民居屋顶高出墙头，弧线优雅，形成过去与现在的对比。后院的工作室、书房、卧室、浴室、厨房等区域都配有各自的小采光天井与景观小院，具有江南民居与园林的特质。而园中的景观，有很多来自业主蒙中的想法，如"选树首重姿态，移步换景，讲究点线面的穿插呼应""堆坡种树，是倪云林画的神韵"等。

建筑结构采用混凝土短肢剪力墙+混凝土砌块这样的现代建造方式，内部空间也多用水泥地面与清水混凝土顶板。但外墙材料选择了来自大理本地的石灰混合草筋抹墙的"草筋白"，并以苍山下产的深色麻石压顶，形成一种粉墙黛瓦的图示。

在喜洲竹庵的设计中，除了中央庭院正对野茶树与景观石的"景框"能够明显地感受到来自园林的形式符号意味，其他方面无论是空间构成还是形式塑造，都没有明显的符号痕迹，但却处处给人以身处一个小型园林的体验。因为尽管没有采用连廊、飞檐、亭台，也没有特意替换材料、拆分空间、改变构成，但"步移景异""动观静观""画意"等园林设计的核心要素却都具备。因而即便没有拼贴和具体的拆分重组，园林中"蜿蜒的行走路径""框景借景对景"等空间要素依然作为整体的一部分，实现了园林符号的结构化表达。

②微胡同——看与被看的景框

张轲的北京微胡同是一个极小住宅，在园林意境上有相似于王澍在象山校区以及自宅中的操作手法。这是大栅栏更新计划中历史文化街区微系列改造的一部分。标准营造设计团队在参观了多个待改造的院落后，选择了杨梅竹斜街53号的两个大杂院。这里原本的状况跟北京大多数旧胡同类似，产权复杂、居住密度高且状况差，占地六百多平米的两个院子住了二十多户人家，一半已经搬走。

依据产权与搬空状况，建筑师将两个大杂院细分成了7个小面宽、大进深的长方形院，而微胡同正是其中的1/7。原本这里是一前一后两间房，互不

微胡同5个朝向内院的景框

实际建成效果

连通也没有院子，建筑师将沿街的那一间屋顶结构进行了加固，拆除了后墙，再把里面一间拆顶做成了一个三合院。因为是对大杂院的改造，因此空间上仍有北京四合院的影子。这是一个四合院基础上的园林式建筑，前后两部分，沿街是入口兼会客，入口偏东侧，这个空间服务于整个社区，而非只供居住者使用，通过这个活动空间，人们会被引入后方的庭院。庭院由三面住房围合，在构成连通的双层墙上，凸出了5个钢结构盒子（一层两个，二层三个），这些盒子四面封闭，用整片玻璃对着中央的小庭院，连卫生间都不能例外，在这方寸之地表达一种源自江南园林的"景框"概念。

入口与内院景框形式上的呼应

悬挑盒子形成的景框有看与被看的关系

这种从园林中提取的"看与被看"的相互关系，王澍在苏州天亚的院宅方案中的三合院也使用了相似的表达："在方寸之间将一座园林进行建筑化，餐厅与书房成为了两块尺度巨大的湖石假山，镶嵌于方框状的居室之间，形成了有意思的观看与被看的关系。"（王澍，2006）而前文提到过的象山校区，形似山石的建筑体量，则被放得更大，直接置于水中，与对面的"山"互看。

③混凝土缝之宅——透过缝隙的内外交流

混凝土缝之宅位于南京琅琊路的一片建筑风貌保护区之中，周围都是作为历史建筑保存下来的民国时期建造的独户住宅。建筑的空间布局十分简洁明了，平面上分成三个部分，中间的交通与辅助空间分隔两边的起居空间。而楼梯对应的两个朝向的外墙做局部内缩与透明，形成竖向的折线形裂缝。材料上选择的是普通的木模混凝土，外面薄刷一个灰色涂层。尽管没有传统民居中"宅-院"的明确关系，但向中间聚拢的姿态，内部复杂与外部简洁的对比，以及缝隙所实现的少量交流，隐约表达出中国传统文化里一贯的内向性居住态度。此外双坡顶的形式寻求了一种建筑与外在环境的连续性。

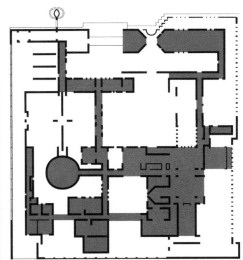

混凝土缝之宅，建筑外立面折线形裂缝是内外交流、隔而不断的契机

清水会馆的空间关系

照片来源：李翔宁. 在蜷缩与伸展之间 阅读张雷的两个建筑作品. 时代建筑，2010（1）：109.

④清水会馆

董豫赣与百子甲壹工作室设计的清水会馆，通过空间与材料的细致处理，用外表完整的几何形体实现中式园林符号的结构性表达。清水会馆位于京郊的一个别墅区内，其空间组织体现出建筑师"文人造园"的倾向，这种造园，类似于王澍在自宅的"造园"，没有山石水面垂柳竹林，而是由空间的大小对比、转折变化来实现。入口狭长的车道，右侧对着合欢院的两道距离很近的墙上开了3个彼此叠合的圆洞，车行过时可以看到不断变换的景致，泄露了一部分院内空间，车道尽端是突然缩小的入口空间，再往前是种了槐树的低矮窄廊，走过这里才能到达第一个开敞院落，建筑师命名为方院。进入建筑的一系列变化体现了园林中欲扬先抑、小中见大的手法。整体的空间布局上，通过片段组合的方式来构成建筑整体，如中餐厅就是一个独立的圆柱体，仅有一个入口与之相连，顶部圆台可以用来登临观景，也可以望向室内。这里像是一个围墙内多个建筑单体的群体组合，不同的局部空间彼此能够独立，但又嵌套组合在一起，是建筑师对中国文化"聚精会神"与"断章取义"的表述。

（2）围院

中国传统居住往往呈现内向性特征，无论四合院、天井住宅，还是园林、土楼，通常墙高院深，入口曲折。这种内向性，被不少建筑师看作居住文化的一个重要方面，于是，"封闭合院"这一空间原型，被置入了以"中国性"为诉求的当代城市住宅设计中。

①凹舍——对外隔绝封闭，空间向内院汇聚。

建于2009年的凹舍，由陶磊建筑设计工作室设计，是画家冯大中先生的住宅、工作室，兼私人美术馆。建筑地处主要城区，正前方可以遥望山体景观，整体是一个内凹的砖盒子，3个内院插入方形的体量中，屋面的凹形空间向内汇聚，与庭院连成整体，暗示民居中"四水归堂"的寓意。这种寓意在徽州民居中表现得尤其明显。站在建筑中央的露天木地板平台上，从高处向自己聚拢的屋面形状，给人以巨大的归属感。三个院子——书院、竹院、山院插入这个封闭的盒子中，彼此之间通过上人平台形成微弱的联系，"使建筑成为了一个外部严谨厚重而内部独立的灵动世界"（陶磊，2010），这种在实体里挖空造院的手法本身，与传统的建筑群组围合院落的手法是不同的，但二者对待环境以及处理内部关系的态度是一致的。

②春晓砖宅——以院为核心层层内推的结构

建筑师王灏2013年在宁波春晓的自宅，从自家宅基地上的两间农舍扩展而来，作为度假和母亲的居所。平面是一个向心结构，三道回形横墙引导空间层层向内推进，最终聚拢在中央二层通高的内天井周围，与立面上层层推高的墙体呼应。天井这个原本逻辑下应当最隐秘的空间，最初安排的是图书馆功能，再三考虑后改成会客用的茶室。让最中心最私密的空间承担最丰富最频繁的交往活动，形成反差的趣味，同时赋予单一空间

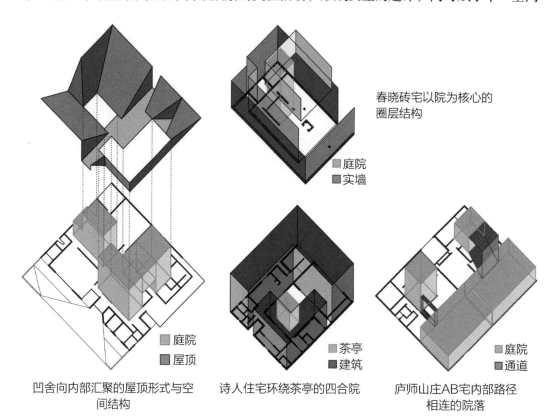

凹舍向内部汇聚的屋顶形式与空间结构　　诗人住宅环绕茶亭的四合院　　庐师山庄AB宅内部路径相连的院落

更多的意义。内向的空间组织方式体现出乡土的、传统的居住封闭性①，用最直接干净的墙体，把社会的纷扰隔绝在外。内部空间的流动和精妙与对外的简单固定形象再次形成反差。

③诗人住宅——以茶亭为中心的封闭四合院

诗人住宅（叶宅）位于南京高淳的石臼湖边，界面处理上除了朝向开阔湖面的一侧采用大块面玻璃，其他界面都是砖砌实墙，只有少量小的开口，整体呈现内向与封闭的状态。两个L形体量共同组成的四合院，环绕中央的一个木构茶亭展开。这种构成，跟春晓砖宅的所遵循的传统院宅构成逻辑有相似之处，在一个对外非常封闭的家庭空间内部，中心有一个活动与视线的焦点，建筑空间从外到内呈现一个性质逐渐私密，同时活动逐渐丰富的变化过程。

另外，内部茶亭的设置，原本在设计时有园林中景观亭的意味，既是一个可以停留观景的位置——从茶室透过会客厅的大玻璃，就能看见广阔的石臼湖水面；也是一个被庭院和周边建筑空间层层环绕的景观小品。遗憾的是，随着时间的推移，进入得不便，以及南方多雨水导致的维护困难，使得业主在后期逐渐弃用了这个建筑内部的重要结构。

④庐师山庄AB宅——路径相连的内外院

建筑师王昀在庐师山庄里设计了两栋连在一起的住宅：AB宅。两栋住宅由两个长宽均为18m、高为7m的方盒子拼合联立在一起，地上两层，地下一层，各有内外庭院。内部空间组织采用穿插游走的散步路径，意图创造步移景异的空间场景。但这里的步移景异并不是一种造园式的做法，这个作品的主要地域特征，还是集中在院落的设计表现上。这里的院落空间分两种：内院和外院。A的内外院之间用宽大的楼梯相连，B则有一个正方形的中央庭院，通过一条窄廊连向外院。在这个设计中，无论是全白的外墙，墙上的黑框条窗，还是室内的弧形墙，抽象几何体装饰，都显现出一种强烈的现代主义色彩。但其简洁外形包裹的曲折复杂内部空间，内部两个院落各自独立却又经由通道彼此相连的做法，以及内向的空间性格，被很多评论者认为具有中国式居住的意向。

（3）融入自然场所

弗兰姆普敦在讨论批判的地域主义时曾指出其所具有的一个重要特征：场所性。他所强调的场所性，是对地形、气候、光线等现场环境因素的综合考虑，反对全球化趋势下的人工光源与空调系统，重视建筑的每一个开口作为场地与建筑之间过渡界面的重要

---

① 王澍在访谈中谈到过私密性是在宁波农村建房的第一反应，同时参考浙江、安徽一带的民居，也能发现传统建筑对外始终有明确界限，这样的做法形成神秘感甚至是宗教氛围。

作用。在中国的居住传统中，以家庭或家族为单元的居住主体，往往对周边的城市与环境采取隔离、封闭的态度，但却在建筑内部设置丰富的变化，或看重秩序与层级，或看重自然山水的营建。王澍曾描述过中国建筑在自然中身为附属、态度谦卑的特征，因为中国乃至亚洲的建筑传统都是将自然看作最高的道德准则，因而一直追求符合"自然之道"的诗意的生活（王澍，陆文宇，2012）。在当代住宅的地域主义实践中，一部分建筑师正是遵循属于中国地域传统的"自然之道"，以建筑对自然环境与场所的融入来表达地域性与中国性。以这类做法完成的设计，其图形未必相似于原型，甚至可能背道而驰，设计的关键之处在于对原型所蕴含的意识与生活态度的表达。

①柿子林别墅——朝向场地的取景器

园林中的"景框"形式，张永和在柿子林会所中还有一次更为集中的诠释。这个坐落于一片柿子林中的私人别墅与会所，除了要环绕穿插在那些业主要求"一棵也不能擅动"的百岁柿子树中间，还需完成建筑师"9个房间就是朝向不同方向的9个取景器"的愿景，以及用连绵起伏的屋顶回应环境（群山）与文化（中国传统建筑的群体形象）的目标。

不同于微胡同与三合院景框朝向内院所构建的完整庭院空间，柿子林别墅在设计中以内收外放的斜插墙体与倾斜的屋顶共同构成了9个向场地外打开的取景器。尽管这些取景器由于相对于观察者过于巨大而基本失效，但为了避让树木以及多向"取景"而被打碎的体量，反而获得类似园林的自由形态。不同于张永和的很多其他作品，这个建筑中来自西方现代主义的理性控制表现得不那么明显，这或许是因为在设计之初建筑师就给自己设定了完成某种形式架构的目标。他在作品介绍中的文字也印证了这一点，尤其是对起伏的屋顶所构成的拓扑关系的解释："建筑顶部便出现了一个起伏的、相对复杂的拓扑接口；也许可以认为是一个人造地景，与基地周围的山峦呼应；也许又可以作为以当代的建筑语言翻译传统中国建筑坡顶形式的一次尝试。以往中国建筑的研究中，更偏重于单体屋顶形式的传承。而典型的中国建筑则普遍是以群体存在的。一个院落四周建筑的屋顶大小变化本身便包含了拓扑关系。在柿子林，取景器是决定屋顶形式的先决，为对中国传统建筑群体屋顶的观察提供了最终的参考。"（张永和，2004）

显然这是一次有形式预想的设计，与现代建筑所提倡的逻辑性格格不入。建筑师将"取景器""拓扑屋顶"等苏州园林与江南城镇形式符号以意象化的方法融合进设计里，为他一贯西式理性为先的逻辑分析思路，增加了更"中式"的情感化的形式表达。在非常建筑以往的设计中，即使强调"中国性"，也多从空间与建造等角度入手，而柿子林别墅的意义在于为他们寻找形式突破，以达成"向建立中国建筑的当代性与地域性全面推进"（张永和，2004）的目标。因此，以往非常建筑设计中非常重视的材料与结构，在柿子林别墅项目中成为了形式的配合，采用的是完全吻合取景器空间的、不平行的石夹混凝土承重墙，结合混凝土反梁的结构体系，石材则是就地取材的花岗石。

关于柿子林别墅在张永和实践"地域主义建筑"历程中的意义，建筑评论家周榕在文章《建筑师的两种言说——北京柿子林会所的建筑与超建筑阅读笔记》（2005）中有很详细的分析与论述。周榕提到张永和赴美求学的20世纪80年代初，正逢建筑句法学被西方建筑院校广泛接

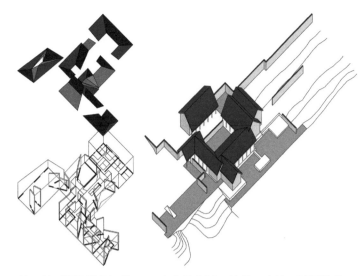

柿子林别墅连续的拓扑屋顶与9个朝向场地的取景器

淼庐的水面、墙体、山坡、建筑彼此衬托成就

纳并形成体系，因而建筑句法学的理论与实践对张永和产生了深刻且长期的影响，此后张永和在国内对建筑句法学的实践则以"形式趣味"的方式影响了一大批中青年建筑师。非常建筑在20世纪90年代的大多数实践，包括前文提到过的山语间别墅，都严格遵从建筑句法学的原则，然而在柿子林别墅中，不能擅动的柿子树、形状奇特的景框，以及预设形式的拓扑屋顶，却一起打破了建筑师一贯的严整逻辑。"迄今为止，柿子林会所是张永和及非常建筑所有作品中，最富于自由感，也是最令人感到复杂性愉悦的一个。这种自由感与复杂性，根本上来源于建筑句法的严密演绎时被来自建筑系统内外的异质元素扰动、穿插而产生的变形与断裂。对现代建筑句法学原则的这些主动的目的性偏离，指示出张永和建筑创作的原点近年来发生了悄然偏移。"（周榕，2005）

与柿子林别墅类似的，直造建筑事务所2017年在浙江莫干山完成的大乐之野庚村民宿，设计兼有山语间别墅的以窗框向外界索取风景，柿子林别墅的以布局的拓扑关系寻求自然性两个特点。尽管从功能类型上来说不是传统意义上的住宅建筑，但其设计中表现出的通过建筑实现景观内化的意图，以及对场所以及自然的敏感，是典型的体验地域主义设计手法。

②淼庐——随山就势，漂浮水上。

淼庐坐落在云南丽江郊外的雪山脚下的玉湖村，是一个私宅。建筑位于山坡上，坐山拥水，建筑四面环绕一个方形庭院，院内有水，建筑外部也有水池环绕，三块水面将坡屋顶的建筑体量托起，一层高的屋顶平缓起伏，与山势应和。尽管是以院落为中心组织空间，但建筑师强调流通以及与自然的融合，因此不像中国传统院落那样高墙围合、

内向封闭。有关山与水的安排,他有一个非常"中国式"的考量:水属于阴,围合属于阴,这两个元素可以与玉龙雪山的阳达到平衡。(李晓东,2018)

建筑与外部道路存在高差,要到达建筑主标高,须从停车场走来,先穿过水池下的狭窄门洞,经过台阶到达高台,回身便能看见高台上山景与水面的彼此映衬,左手进大门,顺影壁转折后沿着内院的水面经过一段小径便能进入客厅,透过百叶再次见到开阔的山水景色。这一系列动线与景色的配合,是建筑师精心设计的人与自然、建筑与场所的互动。

受博士导师楚尼斯的影响,李晓东对"陌生化"的地域主义设计手法比较看重,比起对传统或地域建筑形式的重构,他更看重对自然的重构,意在寻找园林式的写意自然、引外景为己用的法则。这一点他曾在文章中有很清楚的表述:"回顾中国的传统院落,无论是北方的四合院还是南方的天井式住宅,建筑边界几乎皆是墙壁,景色藏于院中。这种内敛、含蓄的建筑法则专注于营造建筑内部的空间关系,却与外界的山水天际保持对立。在此地,建筑则必须回答环境提出的特殊挑战:如何在平野之处能够安然独立,更与周围景色相和并纳之以为己用"(李晓东,2010),"匠人造园,以'借''框''露'等造园手法释义自然的步移景异与和谐之态。艺术之美,虽由人作,宛若天开,森庐会所创作亦然,尊重自然并利用好自然万物,以现代设计之法诠释对传统空间的重构。"(李晓东,刘令贵,蒋维乐,2015)

为了避免本土符号,建筑师谨慎选择了木、石等当地材料,并以简单的构造技巧完成建造。木柱与地面、木梁之间的交接都采用钢节点,大面积玻璃、钢柱的做法与岩石院墙、石子地面的手工质感形成对比。形式上灰瓦与木百叶形成的主色调,围合天井、建筑外廊的空间手法,都有纳西民居的影子,但没有针对民居的突出特点进行专门强调。比如纳西民居多为土木结构而本案采用看起来轻巧的钢结构,体现建筑在水面之上的漂浮感,增加景观的延伸与渗透。又如,比起前文提到的同在云南,同样有"四合五天井"民居作参照的喜洲竹庵,前者对民居入口朝东的深入考虑,在森庐中却完全没有体现。

③退台方院——融入场地活动的"土楼"

OPEN建筑事务所的退台方院,希望创造一个内向和独立的"集体公社",形成强烈的社区

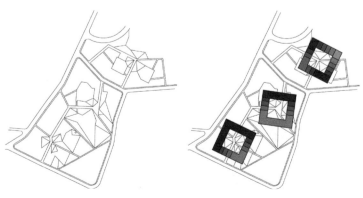

高低起伏、容纳功能的场地　　与场地路径结合的3个方院

感，他们把曾经的社会主义集体生活放在这个项目中重新诠释，意图实现一种"不同职位的员工在这个公社中平等地居住在一起，分享相同的资源和公共空间"（李虎，黄文菁，2015）的平等化、促交流，进而弘扬企业文化的愿景。从出发点上说，跟前文提到的土楼公舍有相似之处。

本案位于福建福州，是网龙公司新总部的员工宿舍，这里距离海边不远，是一片未开发的处女地，因此没有特别明确的边界与太多的周边环境作为参考。建筑师采用了三个形似福建土楼的方形合院建筑，三个体量在高低起伏的地面上一字排开，各自向不同的方向扭转。

不同于福建土楼的封闭内向，本案考虑院内外的空气流通与居民的穿行，将建筑架空。场地路径经由架空处的倒三角形门洞贯穿三座房屋，高出地面的土丘既起支撑作用，又容纳健身、洗衣、食堂、便利等社区服务设施。就单体而言，三座合院根据周边不同的景观与彼此的相对关系，各自朝不同方向退台，造成了一系列屋顶平台，居民可从内院到达这些平台，内院的开放性在行为与视线上被进一步加强。

尽管身在福建，而且具有形似土楼的本土暗示，但退台方院在空间布局上并不是对土楼空间原型的转译，而是通过建筑与场地的互动联结，以及景观的整体性，来实现弗兰姆普敦所描述的批判的地域主义的"场所性"，同时也符合王澍所描述的中国建筑这种设计手法，本质上跟张永和的山语间，以及李晓东的篱庐，是一致的。

（4）重置本土材料

在体验的地域主义设计手法里，有一类十分便宜的增强"体验感"的方式，即本土材料的使用。原生态的视感与触感作为承载"地域主义"的容器，赋予建筑充分的本土质感，因而能够给建筑师在其他维度上更大的发挥空间。从第二章对文献的整理中也可以看出，近年来中国建筑界受"建构"思想的影响较大，弗兰姆普敦也曾在讨论批判的地域主义十要点时，专门谈论过"视觉"与"触觉"的对比，这些讨论对很多当代中国建筑师，都起到了作用。

在类型学地域主义设计手法的讨论中，我们谈到了"用当代材料复述地域传统中的特征形式"这一做法。而这里将要讨论的做法，正好与之形成对比，是"用地域传统的材料重筑一个现代的形式"。二者的差别在于，前者希望完成的是一个能够直接唤起观察者回忆与地域联想的形式，而后者则是希望通过本土材料作为组成整体的部分，完整地参与建筑所形成的全部环境的讲述。因而前者仍然拘束于一个"地域"的图形，但后者不再为图形所限制，给予建筑视觉与触觉上的地域体验。

①诗人住宅——本地红砖的表皮包裹

张雷的诗人住宅（叶宅），位于南京市高淳区石臼湖畔，面对一座废弃的粮库，整体布局呈"回"形，是一个内向的四合院，背后是一片广阔的湖水。叶宅所在的地块原本是一个国有粮仓，面临改制需要资金，因此拍卖了这个空置的基层粮仓。业主拿地之后决定做一个自己的房子，于是拆掉粮仓，联系了建筑师张雷，最初打算做工作室，后来改成了度假别墅。

诗人住宅外观，本地红砖包裹的致密表皮，开洞较少

在最初的构想阶段，建筑师已经有呈现地域特征的打算，只不过他提出的呈现方式是做一个粉墙黛瓦坡顶的徽派建筑变体。经过业主与建筑师的一轮商讨之后，最终决定做一个空间构成比较现代的房子，开小窗洞，认为这样最终的效果会更有趣。而在外部做本地红砖表皮的想法，是设计后期才逐渐产生的。

住宅周围除了湖面就是农田，附近有砖窑运作，生产出的红地砖供当地的农民自建房屋用，叶宅的很多砖块，是业主从附近的

诗人住宅中三种主要的砌筑方式

农民工手里收购来的。现场调研时可以发现，外面的小路上，就有随意四散的砖块。对于一个在农村的建筑来说，就近取得的红砖是最适合的材料，一方面契合本土环境：这里的土地下面是红色的半风化岩，以前的建筑也多是红瓦红砖。另一方面，就地取材明显节约成本。外皮红砖包括空心和实心两种，严实包裹住整个建筑，突出了材料对于这个设计的关键性意义。设计的重点在砖外墙的砌法上：一共有平砌、半凸、镂空三种方式，立面的虚实构成据说是参照了蒙德里安的绘画。住宅的一些细部处理，也依托于材料的组合变化，如墙面的铁皮雨水斗，以及地面通过砖缝形成的排水口等。

②春晓砖宅——旧居废砖的朴素砌筑

宁波春晓砖宅，是建筑师王灏的自宅。尽管空间上强调对比、反差与复杂性，但在材料使用上春晓砖宅充分保持纯粹。贯穿整个建筑的砖，很多来自于原本的农居，既是结构主材，也是地域主义特征表述的主要切入点。

用砖这种层叠性的结构材料，统一空间与材质，与诗人住宅不同的是，春晓自宅的砖在砌法上刻意避免了变化，只以最朴素的方式完成，为的是保留材料的原始美感而不被雕饰的表皮转移注意力。砖的使用上唯一的变化在于外墙上嵌入了拆旧房留下的小型黏土砖，它们是不承重的；起承重作用的是当地现场采购的大型烧结多孔砖。此外，拉

毛不找平的墙面，人工打磨痕迹明显的水泥地面，木工现场制作的厨房灶台与二楼木地板，木头做的窗框，不完全与墙密封的玻璃，红砖砌的沙发，樟木板做的床，都同时传达一种"在乡下"的本土体验。室内地坪建筑师原本也打算采用宁波本地的黑泥抹面，但最终向现实认知妥协使用了水泥。

上述一系列材料的选择与用法，跟建筑师本人的建筑观密不可分，他将居所看作半宅半庙的空间，曾表示"房子应该是用来修行的，而不是用来享受的……太过舒服的房子，反而会丢掉房子的灵魂，失了房子的气质。"（安生，王灏，2015）

③清水会馆——红砖的极致编织

与春晓砖宅的用砖方式形成强烈对比的，是董豫赣与百子甲壹工作室设计的清水会馆，通过空间与材料的细致处理，用外表完整的几何形体实现红砖这种本土材料符号的结构性表达。整个建筑只使用了一种材料——红色页岩砖。从地面到墙体乃至家具，都是砖砌，以实墙为主，根据需要开出大小形状不同的窗洞，或是以凹凸、斜放、拱券等各种砌法构成图案。砖这种本土材料的全方位使用，带有强烈的乡愁与故土的符号暗示。

④凹舍——回应北方气候的暖色耐火砖

凹舍的主人有在耐火砖厂工作的经历，同时出于对艺术的直觉，他们要求采用耐火砖作为建筑的外墙材料。考虑到地处北方寒冷地区，建筑师定做了色彩温暖、保温性能良好的600mm大砖，丰富的暖色与粗犷的质感给人以温和感与安全感。砖墙从实砌向开窗洞，有一个逐渐镂空的过程，通过砌筑赋予砖这种耐压材料整体上的韧性与弹性，形式则是向传统建筑中的漏窗靠拢，透过孔洞的光线在一定区域内模糊了室内外的界限。为了配合砖的渐变肌理，一部分玻璃上也丝网印上渐变的白色，一部分室内铝板通过冲孔孔径的变化，让透进来的光线产生晕染效果。另一方面，耐火砖的使用也承担了建筑向景观的延伸，与建筑外墙相接的地面铺了与墙面同样的耐火砖，外院的院墙也是如此。建筑向土地中延伸，又以用地为边界，在城市中隔离出一个内向的世界。

⑤玉山石柴——填充墙体的山间卵石

马清运2003年为父亲建的玉山石柴，也是单一本土材料运用的典例。建筑坐落在山与河之间，空间布局非常简洁和现代，一个带前院的二层小楼，一层待客与辅助，二层卧室，建筑侧边有一个狭长的游泳池。

建筑师选取了本地山间的石头作为主要围护墙体以及部分地面铺装。这些石头经过水流的长年冲刷，外表圆润，石头的质地、肌理、色彩，每一个细部都与水有关。它们被填充在水泥框架之间，雨后会呈现各种颜色，与周边的地景、木质门窗、室内的麦芽黄竹胶板彼此映衬。挑选石头的过程并不简单，须在大量的石头里找出大小、重量、形状都适合叠成墙的石头，再按颜色、尺寸分类。使用统一和简单的建材，而且来自本地山水之间，这种塑造空间的方式无疑能给使用者带来最大程度的本土特性体验。此外，部分形态也能反映建造的过程，如院中地面较为平整的卵石，其实是墙上部分卵石的另一半。因为那一跨水泥框架高度太高，直接叠砌卵石有安全隐患，因此建筑师将卵石一分为二，平的一面朝内，用水泥砂浆固定在框架里；劈开的另一半卵石用在院子里，主活动空间平面朝上，下沉院曲面朝上。

⑥三连宅——本地青砖的精致打磨

三连宅位于江苏昆山淀山湖镇，是大舍建筑设计的独户住宅。其空间构成十分简明和现代，二层三个彼此独立的纵向空间架在一层三个彼此联结的横向空间之上。材料使用是其寻求传统与本土暗示的重要方面，建筑一层室内主空间与其他空间之间存在450mm的高差，铺着建筑师从苏州太平一家砖厂挑来的方砖，采用了跟金砖一样的制作工艺，但尺寸较小。地砖长时间摩擦造成的光滑细腻的表面质感与高差带来的空间区别，造成了类似水面的错觉，配合室外木地板上涂抹的防雨桐油的气味，以及上层三个悬浮的条形空间，共同形成了江南水乡的观感。这是大舍比较早期的作品，也是经历了这个时期之后，大舍建筑逐渐放弃了将地方材料作为符号代入建筑之中，转而将地域主义作为一种修辞叠加在现代理性的设计之上。

⑦二分宅——土木结构的当代建造

张永和的二分宅位于北京郊区，是"长城脚下的公社"中的一个。建筑以一分为二的体量与山体共同围合出一个长着大树的院子，景物相融。对外墙体是夯土墙，形状也似一个"土"字，因此二分宅又名土宅。建筑师本人将这个作品的材料使用称为"中国传统土木建造的当代阐释"（张永和，2002）。

混凝土基础+夯土墙+胶合木框架+白松木板条

建筑的结构体系由夯土墙与胶合木框架组成，落在下方的混凝土条形基础上。混凝土基础不是最初的选择，最初建筑师考虑的是石砌基础，这样更能体现地域性，后来在结构工程师的建议下做出妥协，才换成混凝土基础。土墙建造采用钢模板，建造过程中一层夯一次，一次放土12cm，夯至6cm，最后以细石混凝土压顶，上盖金属板，土墙厚度达60cm。拆模之后，能够看到6cm间隔的细线，是建造留下的痕迹。夯土墙围护+木

| 二分宅外观，土、木、钢、玻璃、混凝土等多种材料的综合运用 | 混凝土基础、夯土墙、胶合木板条 | 土墙上采用金属压顶 |

框架结构的做法，无论材料选择还是结构组合上，都源自福建土楼。只是比起土楼的建造者更加绞尽脑汁地去改变生黄土、田底泥、水三者配比甚至还加入了红糖水、秫米浆，同时土墙内部配拉结筋，使得墙体更加坚固。二分宅中建筑师的关注点更多地放在精巧的视觉考虑上。这当然是需求的变化，同时也是建筑师保持多年的建造特点，在运河岸上的院子项目中，评论家周榕就曾用"精致、细腻、深入"来评价张永和对建筑表皮的建构。二分宅里，混凝土基础的模板与外墙白松板条的高度都是6cm，保证立面上无论土、木，还是混凝土，都呈现同样的分缝比例。此外，建筑师采取了自己在涵璧湾花园以及张轲在微杂院中都用过的金属压顶，以现代材料为本土材料做收边、框界限。

比起前文提到的张永和的另外两个作品，在此之前的山语间和之后的柿子林，二分宅可以说是在建筑师个人一贯设计逻辑与表述地域性之间最为平衡的作品。山语间姿态理性，对"中国山水园林"的解读却显于表面，柿子林则因对建筑师本人的设计架构突破太多而空间形态有所失控。二分宅对传统土木建造的重构，既在空间上依从逻辑，又通过本土材料的结合给观者触觉上的地域体验。

5．形式"自由"的地域主义

在"隐符号"这个基本思路里，体验的地域主义设计手法通过造园、围院、融入自然场所、重置本土材料的做法，实现原型中空间质感的塑造，让原型中的空间或材料要素，成为整体中不可或缺的组成部分，隐匿在现代的形式或建造手段之下。这个设计过程采用乡土建筑本土融合外来的文化策略与生成逻辑，给予图形符号结构性的地位。

不同于图像地域主义原型特征要素与设计对象的

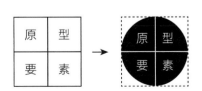

体验的地域主义的设计过程

简单叠加,也不同于类型学地域主义从原型—变型—范型的明晰设计过程,体验的地域主义把原型的特征要素看作内核,也看作零件,外表包裹的可见形式是高度自由的,其建造方式也无需遵循或模仿传统。采用体验的地域主义方法完成的建筑作品,具有独特性与针对性,而不成为范式。

六、符号更新

在已经讨论的前三类方法中,无论是将原型中的地域传统特征要素拼贴、拆解,还是结构化植入,新的设计始终依据原型中的一部分在进行,民居原型与地域特征紧密的联系为新的设计提供了地域主义的依据。但如果我们将目光移回到这些没有建筑师的建筑本身,了解宅形最初呈现时与地域的关系,不再使用原型中已经发展成熟的要素,才有可能真正与地方人群产生紧密关联。

1. 有关住宅的人类学研究

(1)宅形与文化、北加纳建筑

谈到居住人类学文献,早在1881年,路易斯·H. 摩根(Lewis H. Morgan)就出版了他有关美国原住民居住建筑的文献《美国原住民的住宅与居住生活》(*Houses and House-Life of the American Aborigines*),讨论印第安人的营建与居住方式。真正开始系统讨论居住与人类学问题,是从美国学者拉普卜特1969年出版《宅形与文化》开始的。这本论著涉及建筑学、文化地理学、历史学、城市规划、人类学、民族志、跨文化研究、行为学等多个方面。对于原始建筑与乡土建筑而言,其在漫长的历史进化过程中慢慢成形,源于各种不同因素相互作用、不断修正,跟现代建筑由建筑师从纸笔间生成的方式大不相同。在对大量乡土住宅建筑案例进行广泛扫描之后,作者试图找出背后影响其形式的主要动力。当然他在书中给出了一个明确的答案,即社会文化是影响宅形的主导因素,其他如气候、材料、技术等都是修正因素。这里的宅形,并不单指建筑的立面形式或风格,而特指与居住生活形态对应的空间形态,包括布局、场景、造型、装饰、朝向、象征、技术等多个方面的内容。拉普卜特对合院住宅有其独特的看法,认为合院住宅通常出现自群居且等级分明的文化中,而且会在比较长的时间与比较大的范围内只有很小的变化。家庭宗族群体是这一形式生存的保障,在没有普遍性等级差异的文化中这种形式是不存在的。内向性、私密性、"交通枢纽"、调节气候,是他为合院住宅所订立的标准。他对合院居住的理解跟合院遍地开花的中国在文化环境上的确比较吻合，而他所讨论的合院案例中也包括中国的土楼（Hakka dwelling）、窑洞（Underground courtyard）、紫禁城（Forbidden City）等。如果说合院住宅如今遇到了什么问题，那大概就是对个人身份的强调越来越重要，逐渐超出集体身份。他的这一洞见，部分解释了当代住宅设计中，即使大量使用"合院"原型，却仍然跟民居中的合院空间效果大相径庭，人的意识与需求的改变是其中的关键因素。

除了《宅形与文化》，普鲁辛（Labelle Prussin）同年出版的《北加纳建筑：形式与功能研究》（*Architecture in Northern Ghana: A Study of Forms and Functions*）也是建筑人类学方面的重要著作。与拉普卜特涉猎广泛的案例收集不同，普鲁辛将目光聚焦在非洲北加纳的6个村落上。但在文化环境对建筑形式构成的影响这一问题上，他们二人有类似的观点，普鲁辛也认为文化环境是多种力量长期共同作用的结果，而建筑则是文化在某些时间节点上的表现，理解建筑就必须深入考察建筑身处的文化架构。她研究了6个聚落，研究从文化历史、农业活动、聚落形态、建造技术、立面装饰、空间组织、食物储藏等几个方面展开分析，这6个聚落虽然泛指意义上同属一个文化区域，但在建筑形式与聚落形态上都表现出很大的差异性。在对6个村落进行比较之后，她在全书的最后指出："文化变异是不可避免的，正是这些变化产生了新的建筑形式。这些形式是既存文化与外来文化的综合，并且为二者迅速建立了联系。"尽管都是以风土建筑为研究对象，鲁道夫斯基提示人们这些建筑的存在以及价值，而拉普卜特和普鲁辛则将思考延伸至建筑背后的文化与社会环境。

（2）人类学与建筑人类学

中国近代第一批人类学家的代表人物费孝通，师从20世纪人类学奠基人之一的马林诺夫斯基（Bronislaw Malinowski），通过亲身的环境体验与田野调查，写作了《江村经济》，以开弦弓村为例，讨论中国农村土地利用与农户家庭再生产的过程，以说明农民消费、生产、分配、交易这一经济体系与特定地理环境以及社会结构的关系。引入西方的研究方法讨论中国的问题，费孝通给出的是中国人类学研究的极佳范例。基于人类学研究，20世纪40年代末费孝通"在清华大学短暂开设'建筑社会学'课程时，与梁思成曾有'硬、软件'的分工，一个教怎样造房子，一个教怎样用房子"（常青，2008）。1997年，费孝通在北京大学社会学人类学研究所开办的第二届社会文化人类学高级研讨班上提出了"文化自觉"的概念，作为对经济全球化大背景的反应。他所倡导的文化自觉，"是指生活在一定文化中的人对其文化有'自知之明'，明白她的来历、形成过程、所具有的特色和它发展的趋向，不带任何'文化回归'的意思，不是要复旧，同时也不主张'全盘西化'或'坚守传统'。"（费孝通，2000）费孝通看待中西文化差异的客观与审慎态度，对当代建筑的地域主义实践同样有启发：当外来文化的渗透不可避免也无需避免时，在现代建筑语境里寻找属于历史与本土的设计依据，正需要一种"文化自觉"的立场。

人类学与建筑学本质上是两个不同的学科，只在某些特定情况下产生交集，即谓"建筑人类学"。关于建筑人类学，常青曾做过比较详细的论述。他将建筑人类学定义为一种强调在特定环境下，对建筑现象的习俗背景和文化意涵进行观察、体验和分析的视角与方法。他还归纳了建筑学与人类学的五组差异：1）建筑学倡导创新而人类学探讨横常；2）建筑学注重空间而人类学则将建筑看作一种制度形态；3）建筑学称建筑用途为"功能"而人类学将空间视为制度控制下的"习俗"；4）建筑学有"建成环境"的概念而人类学把建筑归结为"场景"；5）建筑学注重视觉效果而人类学注重触觉体验。回到本文第二章讨论的建筑地域主义的概念，地域主义所希望实现的愿景，其实共享了一部分人类学与建筑学的特征。建筑地域主义作为一种建筑学思想，同样关注人类学范畴内的习俗、场景等概念；而有关视觉与触觉的差异，弗兰姆普敦甚至曾在他的"批判的地域主义十点"中有过专门的讨论，他用阿尔托的珊纳特赛罗市政厅中的议会分庭来说明空间中的触觉感受对视觉的重要补充作用。（弗兰姆普敦，1987）

2．符号的更新

住宅建筑的地域主义实践，在当代遭遇的最大困惑之一，可能就是无论怎样强调自身对符号的扬弃，也始终无法回避符号的存在，只是不同建筑师处理符号的方法有所差别而已。其实除了根据原型进行的符号拼贴、拆解，以及结构化处理，如果能够从具体的原型中脱离出来，依据地域的性格或需求本身进行思考，地域主义设计是有可能重建一种全新的本土符号的。

（1）国内范例：谢英俊的协力造屋

无论从住宅产业的角度还是建筑学科发展的角度来看，当代住宅建筑的地域主义实践获得比较旺盛的生命力以及新的思考方式，似乎都是2000年以后的事。

台湾建筑师谢英俊，在多年的实践中始终关注大多数人类居住的农村地区，以及可持续的建造策略。他的建筑体系有一个"互为主体"的观念，即设计者只提供平台，而施工者、使用者都可以加入这个开放的平台。他所倡导的建造执行方式，跟传统的民居建造有共通之处。当本地的居民以本地的材料与技术完成建造的时候，他们最终得到的建筑必然会包含这个地区的文化元素。这个过程不需要特意模仿民居中的形式、空间、材质要素，因为新的建造所产生的新的形式与空间，已经成为当时当地无可取代的特征。

以谢英俊带领的5·12汶川大地震茂县杨柳村重建为例，距离成都273km的杨柳村，大部分居民是羌族人。在汶川大地震中杨柳村遭到重大破坏，因此全部迁居重建。在谢英俊"协力造屋"的理念指导下，建筑材料多为就地取材，村民自主建屋。由于没有精确完整的设计图，可以让当地的羌族民众用本地特有的技术完成符合民俗的建造，杨柳村重建中的一层围护墙体，就是选取了本地石材，以杨柳村的石头砌筑工艺完成。建筑师为杨柳村重建的房屋设计的主结构是冷弯薄壁型钢构架，主体围护一层本地石砌墙，二层双面热浸镀锌免拆模网围护并浇灌混凝土，三层与屋顶草土保温木板。整个建造过程村民全程参与，从全村统一放样开始，大家抓阄决定各户位置，然后择吉日拜神放炮奠基，接着在建筑师团队的指导下立架，就地取材完成围护结构，最后扫尾竣工。

跟个人建筑师精巧的构思与设计相比，这种协力造屋的模式在过程上与民居非常贴近，台湾成功大学王明蘅教授对谢英俊实践所具有的社会意义评价是"民居是建筑的大宗，谢英俊数十年的努力及成果，值得观摩；其中内蕴的重要讯息，值得释放；所触及的深层课题，更值得阐述……"[①]

（2）国际范例：ELEMENTAL的社会住宅

谢英俊这种方式的住宅实践，在2016年普利兹克奖获得者，智利建筑师亚历杭德罗·阿拉维纳的多个社会保障住宅中也有充分体现。他的"行动智囊团公司"（ELEMENTAL）自成立以来一直致力于通过住宅建造来实现社会目标。他们在智利的社会住宅项目Villa Verde Housing（绿村住宅），是阿劳科林业公司为他们的工人建造的居所。这个住宅群在设计上以"渐进"（incrementality）为原则，每一个单元最初的设计面积是57m^2，但最终可以由使用者改装成85m^2，在原有的基础上扩展出更大的起居空间，以及容纳更多人的居住。每一个家庭可以依据他们自己的愿望完成扩展的部分。这种自发建造的方式，王澍在钱江时代最初设计时曾计划尝试，而谢英俊的协力造屋则是将其扩大到整个房屋的建造。三者的目标与社会效益不尽相同，但引导使用者参与设计的做法，无疑都能够实现生活意义上的"在地"。这是一种不同于建筑师独自完成全部设计的地域主义态度。

[①] 转引自李晓鸿. 关系到70%人类居所的思考与实践——关于谢英俊建筑师巡回展. 建筑学报，2011（4）：114.

七、消失的符号

前文谈到当代住宅建筑地域主义实践的几种手法，从特征要素的拼贴、拆解，到要素的结构化与更新，除了需要彰显态度以达到销售目的的地产项目，就建筑师本人的态度而言，他们在实践中，甚至有时候在商业项目中，都会倾向于隐匿符号。这一代中国建筑师一方面受"批判的地域主义"这类西方理论影响，另一方面出于反思新中国成立之后几次地域性浪潮里大规模出现的民族形式，都对符号避之不及。然而正如柯尔孔对批判地域主义的质疑那样，也许"剥开模仿的外衣，却发现更深层次的模仿"。在建筑领域，尤其是市场化推行之后的住宅建筑领域，如果要采取地域主义的设计态度与策略，代表传统或地区文化的形式符号，是大部分当代建筑师绕不开的问题。无论是商业住宅还是实验建筑，我们在审视这些实践的时候，应当正视这些共有的符号，而不是回避它们。

1. 共有的特征要素

21世纪初，中国的住宅市场在经历了欧陆风、美式、地中海风格之后，忽然兴起一阵"中式"热潮。这阵风潮看似突然，实则建立在国内经济发展之后，中高端消费人群亟须通过形式认同来重建文化自信的基础，因此风潮所涉，多为别墅市场。仅2004年的北京，就出现了"观唐""易郡""运河岸上的院子"三个以"新中式"为概念的别墅楼盘。2006年，《时代建筑》杂志专设一期讨论"中国式居住"的问题，部分学者对这种潮流非常抵制，认为"'中国式别墅'仅仅是短期内利用了政府用地政策的漏洞制造出来的，以传统居住文化为表皮包装，供极少数人消费的时尚——它本应处在我们时代文化的边缘。"的确，"中国式"商品住宅，多以传统民居为模仿对象，剪切其特点突出的形式片段，拼贴进新的设计，以迎合人们对"传统居住"的遐想。但这个模仿的过程，另一方面也筛选出一批符合大众认知的地域形式符号。这些符号不但为商业项目所用，也是实验住宅在追求"地域性"的过程中不可避免的。

受到历史传统影响，也因为当代消费主义环境的控制，符号彰显是新世纪之初直到现在住宅地域主义设计领域始终存在的现象。通过前文的讨论，我们能够了解到，当代中国建筑师在西方理论渗透以及自身认识改变的过程中，通过不同的方法在阐述他们所认知的地域主义。这四种方法，为地域主义设计从符号彰显到符号消隐，搭建了一个过渡的桥梁。

对于大部分向时间维度求"地域特征"，也就是强调传统意味或者说"中国性"的设计来说，从典型的中国民居，如北京四合院、徽州民居、江南园林、福建土楼等原型中提取空间、形式、材料上的特征要素，以不同的手法植入新建筑，是个很自然的选择。而对于空间维度向，也就是强调"在本地"的设计来说，就近选择建材、人工或者本地的建造技术，则是建筑师实现"地域主义"的理想方式。不论上述哪一种思路，设计和建造过程中都不可避免地需要共用一些来自民居传统或者地区原型的特征要素。

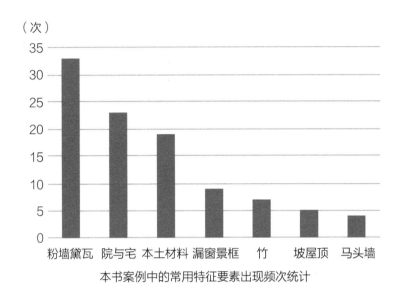

本书案例中的常用特征要素出现频次统计

（1）粉墙黛瓦

在大部分以江南或徽州民居为意向的住宅设计里，建筑师都会在色彩选择上求素，因为"粉墙黛瓦"这个要素符合大多数人对江南水乡与徽州古镇的印象。

南京的中国人家，在设计之初就有"苏南和安徽民居"的产品定位，因此很自然地采用了白色粉墙和深色瓦屋面的搭配。杭州金都华府，是一个高层住区，设计原则上建筑师希望不再重复粉墙黛瓦、坡顶梁架的传统形式，但"试图从江南传统住宅的图示和色彩构成中，提炼升华为一种意向"（程泰宁，王大鹏，2007）的努力，最终呈现出高层上部的深色披檐与大面积白墙的组合，依然遵循了粉墙黛瓦的情景暗示。上海九间堂遵循江南民居的传统意匠，除了整体布局以水为媒，在严迅奇设计的A1型别墅区，粉墙、水面、翠竹、深色窗框与屋面的搭配也从氛围上形成暗示，尽管在这个设计中建筑师没有采用青砖、灰瓦等传统材料。

上海康桥水乡使用黑色单坡顶和素色外墙，与江南民居色调一致，只在局部以少量彩色墙面增添识别性。万科苏州本岸新院落，以高墙窄院的空间形态与粉墙邻水的组合关系，以及墙头一线深色压顶，配合竹林的种植，表现江南水乡，手法跟九间堂有异曲同工之处。天津格调竹境，高层住宅区，无论总体布局还是户型设计都是典型的现代小区，跟金都华府一样，为了完成"现代中式"的命题，用较多的白墙面搭配深色的勾线与屋顶，以求靠拢徽派民居。上海第五园，形式上有综合南北方民居特征要素的意图，灰砖砌筑搭配白粉墙与深色压顶。

除了常规的深色瓦屋面与大面积白墙的组合，一些建筑师也会选择在材料上进一步融入地域。

如赵扬建筑工作室设计的云南大理喜洲竹庵，粉墙是来自大理本地的石灰混合草筋做法，深色压顶材料是当地的麻石，同时还可以用作雨水口，在这个案例中，粉墙黛瓦的选择不仅仅是形式符号，而是将本地材料的运用前置，"粉墙黛瓦"的暗示是隐匿在建造行为之后的。杭州东梓关村农民回迁房成本控制严格，因而建筑的很多细节显得不那么精致。材料选择结合实际情况，以经济、实用、耐久为原则，墙体白涂料为主，搭配瓦屋面和局部灰砖。不太工整的细部与恰当的节奏感使得这组建筑呈现出非常接近江南民居的状态。

东梓关回迁房的白色涂料墙体与深色瓦屋面

（2）院与宅

虽然合院并不是中国独有的传统居住形式，但它的确是中国传统居住中不可或缺的元素。从北京四合院到江南天井住宅，从苏州园林到福建土楼，院在空间组织结构里，都处于核心地位。当代中国建筑师，当他们面对"地域主义"的命题时——这个命题可能来自地产商，也可能来自建筑师自己，绝大多数会首先想起"院"这个至关重要的空间元素。

①以建筑为主体

在一些商品住宅案例中，虽以院落为标签，其实空间布局与中国传统院落关系不大，设计者将"院"这个带有传统意味的标签从原型上摘下，作为单一的构成要素添补到新方案里，实际操作的核心依然是"最短流线，最大利用率"的现代住宅设计方法。

北京康堡花园，仅仅在总平面上以两栋L形高层建筑围合形成了一个不完全闭合的庭院，或者说中心绿地。紫庐中式别墅与优山美地·东韵，采取以建筑为核心庭院环绕的空间构成，也与庭院作为核心的中式院宅关系不符。北京运河岸上的院子，虽名为院子，实则建筑师是在原本美式郊区别墅空间框架不能改变的前提下进行重新设计，空间上以U形的空间实体围合小院，院宅关系单调。北京观唐尽管外观缀满了传统建筑符号，也采取了院宅空间，但瓦顶漏窗白墙包裹的院落，跟建筑的关系同样单调。苏州水岸清华层层跌落至地下的院落，则更像是附着在建筑本体上的室外空间，院对宅的从属关系非常明显。变化稍多的是将院落与建筑互相嵌套，如东莞万科棠樾，U形布置的建筑实体与前中后三个院落彼此咬合。这种布局方式尽管增加了院落数量，隐约产生了传统院宅空间的秩序，但建筑与院的关系切割得依然十分明确。

院宅构成方式一：以建筑为主体

  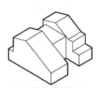  

| 康堡花园，高层围合场地 | 紫庐，院环绕宅 | 运河岸上的院子，U形围合院落 | 观唐，前院后宅 | 水岸清华，院附属于宅 |

②简化的院宅关系

相对接近中国传统庭院"中心"与"内向"两大特征的，是成都芙蓉古城中的苏式院落与北京易郡。芙蓉古城中的苏式院落，空间布局采用四面建筑实体围合一个大的内庭院，再以墙切分四个小院，院落四周设一圈檐廊。北京易郡，共有平层四合院、独栋三合院、双拼三合院三种户型，建筑空间强调宅院关系，大部分户型有内外院之分，外院类似西式别墅庭院，内院则是模仿北京四合院式的内向方正空间。但芙蓉古城与易郡这种简单的四面围合式内院，跟一圈墙、一圈房、一圈廊、中心院的传统四合院所呈现出的群体感与层次感，空间构成上差别很大。无论是四合院还是园林，中国传统居住向来不吝惜交通空间，但这在强调寸土寸金的当代商业项目里很难实现。为了弥补空间上的差异，建筑师往往会采用木质门窗、灰砖砌墙、深色瓦屋面等方式，通过材料质感的接近去完成一个"地域主义"的任务。因此在这两个案例中，对卷棚顶、弧形封火山墙、灰砖等形式或材质要素的借用主要就是为了加强地域色彩。

院宅构成方式二：对传统院宅关系简化处理

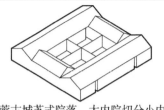

芙蓉古城苏式院落，大内院切分小内院

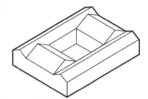

易郡四合院，建筑围合封闭内院

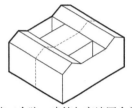

易郡独栋三合院，建筑与高墙围合封闭内院

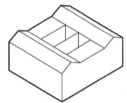

易郡双拼三合院，建筑围合一分为二的封闭院落

③外部封闭，内部丰富

一些建筑师在"内向性"这个中国民居院落的突出特征上寻找突破，以置入喧闹城市中的内向院落格局寻求传统文化认同。

王昀在庐师山庄AB宅的设计里，两栋相连的住宅各有内外两个院，内院与外院看似彼此独立，实则以台阶相连，行动上联系紧密。内向的方正合院，以及院落间独立的交通连接，包含了四合院这样的传统院宅关系的要点。

陶磊的凹舍将一个拥有多个内院的内凹方盒子放入城市之中，以三个内院为中心，屋顶向内倾斜，有民居中"四水归堂"的寓意。同时三个内院又环绕建筑中央的大平台，形成实体围合院落，院落又烘托一个实体的圈层结构，加强了向心性。北侧内院经过二层平台，辗转与南侧院以及外墙的开口相连，隐约透露出园林中隔而不断的空间特性。

王灏的春晓自宅，外观上看，由院墙、一层外墙、二层外墙构成一个向心的圈层结构，中心是一个天井，用作茶室。内部空间环绕天井和烟囱，自由且流动。这种在外看来封闭内向，实则内部别有天地的做法，秉承了中国的传统居住方式，同时也是建筑师所说的"宁波农村建房子的本能反应"（黄正骊，王灏，2013）。

张雷的诗人住宅有跟春晓砖宅类似的内向结构，以两个相互联结的L形围合出一个闭合的中心庭院，院中有一个独立的木茶室，实-虚-实的圈层结构，跟春晓砖宅一样，最终汇聚到一个中央茶室上。建筑对外开小窗，大面积玻璃只对着内院和湖水。同样是张雷作品的混凝土缝之宅，居于一片老建筑包围的场地中央，四边院墙围合。缝之宅没有向一个中央庭院聚集，而是通过墙体和屋顶上两道错位的裂缝，实现外院向建筑内部以及地下空间的延伸。建筑外观跟周边环境保持距离,内部却别有天地,绕着中央楼梯形成垂直向变化的空间。

土楼公社援引福建土楼的空间构成,平面上外圆内方,建筑环绕中央庭院,剖面上也是外高内低,向内部收拢。盘绕扭结的建筑形式产生空间上的圈层感,增强内向性。

院宅构成方式三:遵循外部封闭、内部丰富的原型逻辑

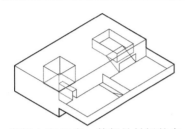
庐师山庄AB宅,外部是封闭的白盒子,内部院落间通过楼梯、台阶、走道等交通空间紧密联系

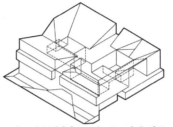
凹舍,屋顶内倾,取"四水归堂"寓意,建筑-院-平台的圈层结构加强内向性,内院之间通过平台进行视线联系

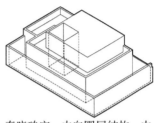
春晓砖宅,内向圈层结构,中央天井是活动最丰富的茶室;对外封闭,对内空间活跃度逐渐推高

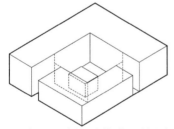
诗人住宅,建筑-院落-茶室的空间结构,活动向内聚拢;院内茶室既是平台,又是景观;对外砖墙密砌,窗洞狭小

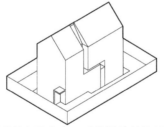
混凝土缝之宅,反常规的以院环绕宅,通过狭缝实现的建筑内外少量交流,是园林式的"窥视"

土楼公舍,外圆内方的空间与向内倾斜的屋面,形成很强的内向性,中央庭院是社区的中心,外部墙体高大封闭,只有少量开口

④空间打破重组

一些建筑师在采用"院宅"的空间符号时,有意拆分建筑,将原本完整的空间打破重组,虚实交错,以构成宅与院的群组关系。院与宅彼此交织、形成一定的序列,是传统院宅关系的特征之一,这里的第四种方法,是对传统院宅关系的复述。

院宅构成方式四：空间的打破与重组

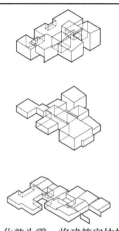
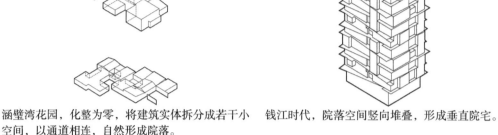

涵璧湾花园，化整为零，将建筑实体拆分成若干小空间，以通道相连，自然形成院落。

钱江时代，院落空间竖向堆叠，形成垂直院宅。

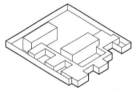

九间堂，功能空间彼此独立，廊道连接多个小体块，同时围合院落

喜洲竹庵，多个院落插入建筑实体，形成从公共到私密的序列，以及曲折变化如园林的行走路线

  涵璧湾花园里，张永和采用了化整为零的方法，将建筑内部的各个功能空间分解成若干建筑的合集，主要空间彼此独立，用交通空间串接，这种构成方式在园林以及四合院中都有体现。严迅奇在九间堂A1别墅设计里，也采取了类似涵璧湾花园的"化整为零"：功能空间彼此独立，以交通廊道连接，建筑围合庭院。另一类是以院为操作主体，将院堆叠并置，或者在一个完整的建筑实体中插入一组彼此呼应的院，形成群体。前者的代表是王澍在钱江时代里"用200余个两层高的院子叠砌起来，结构如编织竹席"（业余建筑工作室，2012）。尽管最终的空中合院没有达到早期意向图中那样的节奏感与明晰度，但同样是高层住宅，钱江时代堆叠空中院落的方式，形成了群体性的院宅关系，对比康堡花园仅仅是用高层围合一个空地的做法，在地域意识上，显然更深入。后者的代表是赵扬的喜洲竹庵。喜洲竹庵用前后大大小小9个院落组织从入口到餐厨、会客、观景、起居、辅助的全部空间。这些院，有的如园林一般，框景、借景，有的如江南天井住宅，拔风、采光，群体间没有轴线或者严格的秩序，只沿着从入口到最私密卧室区的行动路线展开。

  ⑤多个院落串联群体

  中国传统建筑往往以群体姿态出现，单栋建筑不构成空间，而要多个实体与院落组合成群，方能形成秩序或趣味。因此一部分建筑师会在单一院落构成的基础上，将建筑组合起来寻找群体空间的地域象征。

院宅构成方式五：多个院落串接成地域意向明确的院宅群体

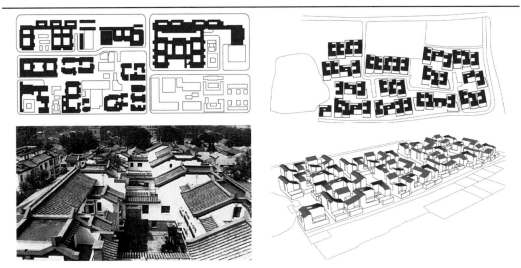

菊儿胡同，单个院落地域特征不明显，通过里巷串联的多个院落形成的群体形态，回应北京的整体规划布局以及老城区肌理最重要的部分

东梓关村农民回迁房，单体受到宅基地面积的限制，院宅关系相对单一，通过形成群组，群组的进退变化，以及群组顺应道路形成的形态有机的整体，完成江南小镇意象

菊儿胡同照片来源：吴良镛. 北京旧城与菊儿胡同[M]. 北京：中国建筑工业出版社，1994.

这其中最典型的案例是菊儿胡同。单看菊儿胡同中某一个院落的构成，关系很简单，即4个平面L形的单元楼拼合在一起，共享一个公共内庭院，这种构成方式跟易郡中的四合院本质上并没有太大差别。但菊儿胡同更为重要的特征是不同的四合院通过"里巷"联结，构成了彼此联系的建筑群体，这是易郡这样的商业住宅以简单的四面建筑围合方形院落方式无法做到的，也是菊儿胡同的价值所在。

杭州东梓关村农民回迁房在院宅群体关系上也有类似的效果，从单体平面可以看出，院宅关系比较单一。每一户都是控制在宅基地规定面积与形状范围内的，院墙沿基地围合一圈，建筑主体置入院墙内，虚实相扣，跟上文提到的观唐、水岸清华、棠樾等差别不大。但不同单体拼成组团后，院以及屋顶的高低起伏彼此结合，产生了江南民居群的空间效果；最终多个组团顺着形态自由的道路形成类似村落的建筑群体。

（3）本土材料：砖石土木

采用本土材料以彰显地域性的做法，从芒福德赞扬旧金山湾区的小木屋，反对国际式时就开始了。弗兰姆普敦在他讨论批判的地域主义抵抗的六点中，以阿尔托的珊纳特赛罗市政厅为例，解释这个案例中对当地砖的使用让地域体验不仅是视觉上的，更是触觉上的，从而避免了人对建筑亲近感的缺失。在当代的地域主义设计中，采用砖、石、土、木等自然材料是很多建筑师的选择，一方面这种选择接近于中国传统建筑的结构方式，另一方面这些材料有可能取得与当地人、景、老房子等环境因素的联系。

砖是不少建筑方案中表达地域性的首选材料，因为其坚固的结构特性以及在砌筑上能够实现多种多样的变化。

典型的中式商品住宅案例如北京易郡，寻求四合院的空间质感与意境，因此面砖选择传统工艺的青灰色黏土砖，砌筑上不求变化，只采用普通平砌。同样位于北京的紫庐，空间上采用西式别墅的做法，形式上刻意贴合传统的宫殿、王府建筑，墙体灰砖砌筑，二三层的窗间还镶嵌了砖雕花饰。位于北京的优山美地·东韵小区，外立面采用灰砖青瓦的搭配，认为这种做法可以延续北京民居的传统性格。

深圳万科第五园，一个地处岭南的项目，却采用了江南民居与徽州民居的很多形式要素，在外墙上虽大面积白色，但局部墙体与墙脚又调整性地加入了烧制青砖。北京的观唐，也是在白墙、红柱、筒瓦、木门窗等元素之外，局部低处采用灰砖墙体。上海第五园比起深圳第五园，虽地处江南却没有采用大面积白墙，而以灰砖立面为主，跟金属屋面形成材质对比。

吴良镛的菊儿胡同改造工程，建筑的大部分一层外墙都是灰砖砌筑，包括一部分楼梯间墙体也是如此。东梓关村农民回迁房项目，考虑到造价的限制与施工的难易，大多数外墙采用白涂料，配合一部分灰面砖，以及局部砖砌的镂空墙体。

砖的运用

易郡青灰面砖

紫庐灰砖墙和窗间砖雕

优山美地·东韵灰砖外墙

深圳第五园局部烧制青砖

观唐局部灰砖砌筑

上海第五园灰砖立面

续表

菊儿胡同底部灰砖

东梓关村回迁房局部灰砖

微胡同铺地旧砖

三连宅铺地方砖

诗人住宅的本地红砖

春晓砖宅平砌的砖墙

清水会馆对红色页岩砖的极致使用

凹舍暖色耐火砖

图片来源：
易郡：闫少华. 易郡·新本土主义建筑. 建筑学报，2005（10）：53.
紫庐：张弛，苏晨. 紫庐中式别墅. 建筑学报，2006（4）：50.
优山美地·东韵：申作伟. 优山美地·东韵生态住宅小区A区. 城市·环境·设计，2011（1+2）：255.
深圳第五园：朱建平. 试图用白话文写就传统——深圳万科第五园设计. 时代建筑，2006（3）：78.
观唐：张弛，王秀娥. 观唐设计回顾. 建筑学报，2006（10）：35.
上海第五园：王戈，于宏涛. 上海万科第五园. 建筑创作，2011（1）：141.
菊儿胡同：作者摄
东梓关村回迁房：作者摄
微胡同：作者摄
三连宅：大舍建筑提供
诗人住宅：作者摄
春晓砖宅：安生，王灏. 自宅春晓岸. 中华手工，2015（3）：80.
清水会馆：董豫赣，黄居正. 清水会馆. 建筑师，2006（6）：145.
凹舍：陶磊. 凹舍的材料感性. 时代建筑，2014（3）：83.

在一些小住宅项目中，砖，尤其是本地砖或者原有建筑的旧砖，更是被建筑师偏爱的材料。张轲的微胡同中，用拆自原建筑的墙砖铺设院子的地面。大舍在三连宅的一层室内地面上铺满了苏州砖厂挑来的方砖,这家砖厂所在的地区曾在明清时期为皇家提供金砖,因而这里的方砖也采用了类似金砖的制作工艺。张雷在诗人住宅中采用了本地砖窑出产的红砖塑造外墙的表皮,以及内院的铺地,砖的砌法呈现多种变化。王灏在春晓砖宅中采用了现场采购的价格便宜的大型烧结多孔砖,结合基地老房子拆下来的旧砖,以最朴素的方式砌筑了建筑的全部墙体。董豫赣的清水会馆则以红色页岩砖为线索,从顶棚到墙体、地面乃至家具,以变化多端的手法构筑了整个建筑的内部世界。凹舍采用的暖色耐火砖,颜色上有隐含的变化,既具丰富的艺术表现力,又能在北地严寒中呈现一种暖意。

除了结构耐久、外观多变的砖,石材也是很多建筑地域主义表达的一部分。中国传统建筑与民居多用石材做基础,而在当代设计里,由于更坚固的钢筋混凝土的出现,石砌基础变得不再科学,比如在张永和二分宅的设计中,原本就想采取石砌基础,但强度不够,最终还是在结构工程师的建议下换了混凝土条形基础。因此,石材如今常常被作为立面材料使用,或附着于建筑的底部,或成为墙体表现的一部分。

东莞万科棠樾,外立面采用灰色洞石火山岩完成,一部分劈成薄片错缝贴面,另一部分砌成花格镂空墙。同样以石材砌镂空墙的,还有张永和的涵璧湾花园。马清运的玉山石柴将来自本地山间的鹅卵石填充在水泥框架之间,石材在这个项目中完全充当体现地方质感的感官材料。比较特殊的案例是谢英俊主持的四川茂县杨柳村重建,建筑虽整体采用轻钢结构,但一层外围护墙是村民选取的当地石材,以当地砌筑工艺完成的,自然而然取得了接近当地羌族建筑传统的效果。

在中国的传统建造中,木是一类非常重要的材料,木框架结构是过去的主流结构形式,但木结构不够坚固、维护成本高,以及资源损耗高等方面的特点令其在当代建造中出现得很少。以福建土楼和民居为代表的夯土墙,更是难以适应当今的建设节奏与城市的精致审美。因此,在地域主义的住宅设计中,以土木为主材不那么多见,一部分中式住宅项目更倾向于让木作为一种装饰出现,如木门窗、木雕、景观亭等。

关于传统土木结构的当代建造这一点,张永和的二分宅做出了重要的示范,夯土外墙、胶合木框架、白松木板条围护的配合,以及细节上分缝的一致性考虑,在材料、美感、建造、空间逻辑等方面取得了恰当的平衡。艺术家罗旭20世纪90年代在云南做的土著巢,用红土包裹砖砌的结构,表现出非建筑专业从业者对本土材料的感性认识。

(4)漏窗、景框

苏州园林在中国的众多园林中独树一帜,是江南富裕阶层居住的典例之一,在建造之初就有很多文人、画家、士大夫阶层参与其中。对这些人来说,园林不仅是生活场所,也是寄托他们无处安放的隐逸理想之所。苏州园林的特点很难用西方解析建筑与城市的理性方式来阅读，如果仅仅用"步移景异""借景对景"等描述来概括，会因为过于宽泛而有偏差，这其实也是苏州园林极具中国传统文化意味的原因。然而，尽管园林难解，但在当代住宅建筑的实践中，还是有很多建筑师会选择以园林为依托来表征"中国性"，其中最常用元素的就是隔而不断的漏窗与借景入画的景框。

漏窗在中式商品住宅里的使用，比较简单直白，强调图案和装饰的作用。无论北京观唐、无锡江南坊，还是苏州西山恬园、杭州云栖玫瑰园，都在住宅的院墙上做了形式多样的花窗，这些图案往往有中国传统意味，如花瓣形、万字形、回纹等。菊儿胡同里，为了寻求地域认同，一部分墙体上做了瓦片搭接的条形花格窗。

传统花格形式漏窗选例

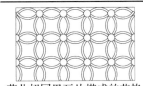

菊儿胡同里瓦片搭成的花格　　江南坊中斜向的回纹窗格　　观唐中的回纹漏窗　　西山恬园的花瓣万字形漏窗　　云栖玫瑰园的花瓣形漏窗

不想完全遵循"花窗"形式的建筑师，可以通过砌筑的变化实现隔而不断的空间效果。深圳万科第五园在双层墙体的外层墙上，用工字形叠加的青砖砌成十字花格漏窗，造成内外有别、竹影婆娑的景观层次，嘉兴江南润园也有类似设计，用十字格的镂空墙体隔开竹林。土楼公社的建筑外表面裹满了水泥田字格栅，既加强整体的内向性，又不至隔绝居住单元阳台的采光。东梓关村回迁房在一部分需要采光的空间以及外院墙的局部做了双层砖块隔开叠砌的镂空墙。

非花格匀质构图漏窗选例

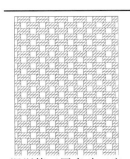 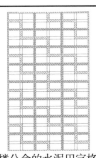

深圳第五园青砖工字形叠加形成十字花格　　土楼公舍的水泥田字格栅　　江南润园十字花格窗　　东梓关村回迁房双层砖叠砌而成的镂空墙

上海第五园用单层砖块隔开叠加的砌法形成大小间隔的砖洞，同时配合半透明金属网的使用。涵璧湾将这种做法进一步变形，把石材薄片镶嵌在金属框架里，做成大面积的格栅墙，形式上有博古架的意味，室内使用有家具感。除了匀质的镂空，也有像凹舍这样，用渐变的孔洞来完成对墙体通透度变化的塑造，同时赋予界面一种弹性和韧性。

非匀质或材料替换漏窗选例

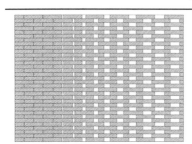
凹舍的渐变孔洞，为界面增添一种弹性与韧性

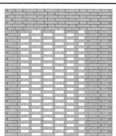
上海第五园大小间隔的砖洞设计

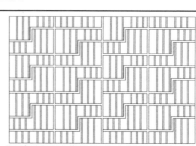
涵璧湾石材薄片嵌入金属框架做成的镂空墙体

漏窗的做法以及变化，大部分情况下还是保持在形式与材料变化的范围内，而对于园林中景框要素的借用，能够实现空间上更多的可能性。

景框的运用

喜洲竹庵中央庭院框景

清水会馆四面微风的月洞门景框

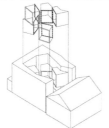
微胡同朝向内院景框

柿子林别墅朝外的取景框

图片来源：
喜洲竹庵：王飞. 古村清梦 大理喜洲"竹庵". 时代建筑, 2016（4）: 93.
清水会馆：董豫赣, 刘珏, 李宝童. 中释西式 北京清水会馆. 室内设计与装修, 2007（10）: 51.

喜洲竹庵在中央庭院对着西侧长院的方向上，用长院侧墙的一个方形景框，制作了一幅茶树山石图，映衬着近处的水面、草地，以及远处的一线屋脊，园林情致的表达不可谓不充分。清水会馆人行入口"四面微风"，用砖砌的月洞门，取景"槐序"的低矮槐树以及远处的另一个月洞门。

比起有具体内容的框景，微胡同和柿子林别墅的景框，更多的是一种"框景"的主动性表达。

微胡同一前一后两间，后面的房子被改造成一个围合式小庭院，沿着院子周边做了交通空间，一二层向内悬挑出5个木盒子，宅与院形成看与被看的关系，挑出的房间恰好成为对着内院的"取景框"。柿子林别墅把9个房间做成9个朝向不同方向的取景器，形状内收外放，两侧承重墙呈"八"字，外口是大幅落地窗，框住周边山体与树林的景致。在张永和的早期作品山语间中，也有条形长窗对着山景，暗示山水长卷的做法。

无论是在市场和开发商要求下完成的"中国式"命题作文里，还是在建筑师个人色彩强烈的实验性建筑里，当以园林为依托进行住宅设计时，很多人都会采用漏窗与景框的形式符号。但不同的条件下实现方式有所区别，一些是直接挪用园林中花窗的图案，一些会改变材料、图形、构成方式，还有一些取形式背后暗含的"看与被看"的关系。

2. 符号的消隐

（1）四种地域主义设计手法对共有特征要素的表达

依据前文讨论的当代住宅建筑在地域主义实践过程中共享的地域符号，不难看出在应对来自地区原型的形式、空间、材料符号时，符号消隐的程度是：人类学地域主义>体验的地域主义>类型学地域主义>图像地域主义。

同样是采用"粉墙黛瓦"这一形式要素，以中国人家、上海第五园等商业开发住宅为代表的案例，在图像地域主义的设计方法之下，将原型中的符号直接诉诸形式，直白地以色彩搭配方式寻求江南民居的情景暗示。与之对比，在喜洲竹庵的设计中，选取本土的草筋白与麻石是设计的初步考量，在这种体验的地域主义设计方法里，"粉墙黛瓦"不是为了追求相似的刻意为之，符号隐于建造步骤之后。

在使用传统院宅空间时，属于体验的地域主义方法的庐师山庄AB宅、混凝土缝之宅等，表面几乎没有任何链接传统的语义符号；而涵璧湾、九间堂等采取类型学地域主义设计方法的案例，则难免需要使用坡屋顶、粉墙、镂空墙等传统形式要素；至于易郡、观唐这类图像地域主义案例，更是直接采用灰砖、瓦顶、朱门、砖雕等符号表征更明显的片段。

这种对比在材料符号的使用上更为明显，体验的地域主义案例春晓砖宅，把红砖看作记录过去生活与本土生活的媒介，因而能够从容地把宅做成修行的庙，不刻意思考红砖与某种本土原型的联系；而运河岸上的院子，作为类型学地域主义案例，即使采用混凝土砌块，也必须寻找与灰砖相近的尺度来构成与传统的联系。

再以"景框"这一园林符号为例，属于体验的地域主义类别的微胡同与柿子林别墅，把景框与房间的四面围合等同起来；而作为类型学地域主义案例的喜洲竹庵，则是真正在墙上开了一个方形的相框，正对特意栽种的茶树与石头；但比起大量中式商品住宅，如拙政别墅、云栖玫瑰园等案例中与苏州园林形式完全一致的月洞门，喜洲竹庵的景框表达就显得十分含蓄了。

在采用地域主义的方法完成住宅的建造时，只要从原型中寻求认同的愿望还在，采取原型中的符号就是不可避免的。因此比起图像地域主义拼贴符号，类型学地域主义拆解符号，体验的地域主义结构化符号的做法，只有基本摆脱了原型的人类学地域主义方法，才是真正从地域传统符号的桎梏，或者说辅助中离开。因此可以得出的结论是，从图像地域主义到人类学地域主义，呈现的是一种符号由显到隐的变化。

四种手法里符号表达由显到隐

（2）实践中符号消隐的具体表现

在第二章讨论中国建筑界在地域主义理论方面的研究时，已经可以看到中国建筑师与学者在理论层面对传统符号、形式标签等内容的警惕性。中国建筑领域，包括住宅建筑在内，拼贴传统符号以表现地域性或中国性的方法，曾在20世纪80年代达到了一个高潮。当时以菊儿胡同为代表的地域主义住宅实践，拼贴代表地域传统的符号几乎是一个必需的手法。

而随着时间的推移，当越来越多的中国建筑师有机会接触到西方世界，受到现代主义、后现代主义、结构主义、新理性主义、类型学等理论的影响，他们对显义符号愈加不满，无法认同拼贴所暗示的浅薄，而更有兴趣追寻"建筑的本质"，尤其在建筑地域主义这个问题上，符号开始从显而易见的形式标签慢慢隐藏进建筑的结构、构造、材料等要素中去，这一点在建筑师话语权较强的单体住宅中尤为明显。

活跃在一线的当代中国建筑师，不少都有欧美的教育背景，如果说本土建筑师的代表人物王澍还保留了使用本土材料与形体暗示来表达地域性的明了做法，那么以张永和为代表的"海归"派则在设计中尽力向结构这样的隐藏要素寻求地域性。

在当代住宅的地域主义实践中，符号的消隐是分两个方面表现的。

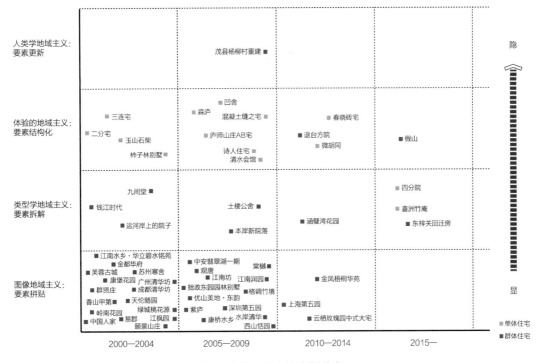

地域主义设计方法案例分布

一是拼贴地域传统的特征要素的图像地域主义建筑在流行过一段时间后渐渐减少，与此同时，群体住宅的地域主义实践也在不断地向符号消隐的方向探索。二是建筑师个人趣味能够得到较多展现的单体住宅实践，多以体验的地域主义设计方法完成，代表地域传统的符号表达非常隐晦。可以这么说，"去符号"是当代中国建筑师在住宅建筑地域主义实践中的普遍愿望，他们不仅在理论上如此期望，也在自己能够控制的设计与建造中尽可能地践行这一点。

从上图的案例分布图不难看出，2000年到2009年的10年间，是"中式住宅"全面爆发的时期，这个时期的大量商品住宅，都在用拼贴地域传统符号的方式完成市场的要求，同时解决居住的问题。但就像20世纪50年代和20世纪80年代的回归热潮一样，这种图像的地域主义是比较浅显的，也难以持久，一旦人群的趣味点发生转移（实际这种转移经常发生而且频率非常密集），以符号拼贴为依托的实践就会难以立足，进而大量减少。此外，尽管由于商业价值、流行文化等多种因素的影响和控制，群体住宅在地域主义这个问题上大多数时候都以图像地域主义的手法完成，但建筑师们始终没有放弃"去符号"的愿望。因此在符号表达不太明显的类型学地域主义类别中，依然存在着钱江时代、运河岸上的院子、本岸新院落等商品住宅，以及土楼公舍、东梓关回迁房等低收入者住宅。

与群体住宅形成对比的，是建筑师话语权较大、更能展现个人趣味的单体住宅实践。在有"地域主义"特征的小住宅设计里，拼贴符号的方式是很少见的，更多的是对符号的结构化表达，或者拆解。表意隐晦的体验的地域主义设计方法中，充满了艺术家、企业家、文人、建筑师的私宅。他们作为当今社会文化层次较高的群体，正在以自身的文化影响力推进住宅建筑地域主义实践中"去符号"的任务，而他们实现这一目标的方法，一是文本上的呼吁和研讨，二是力所能及的实践。

由于建筑地域主义本身的边缘性特征，以及住宅建筑所需要解决的大量性社会问题，当二者需要结合的时候，大多数时候实践的可能性还是出现在实验住宅上，集合住宅的尝试显得相对稀缺与谨慎，对"地域主义"这一命题的追求也更集中于形式符号的把握与纯熟运用。

三种地域主义设计手法的具体做法

当代中国住宅的地域主义实践，在隐符号的尝试上，同样会寻找一个可以依托的民居原型，通过对经历长时间沉淀业已成型的形式或空间要素的分析，或基于类型差异拆解原型重组进新的设计，或将原型作为符号系统实现结构性表述，又或抛开原型从人类学视角创造属于当时当地的新类型。在每一种方法里，建筑师都有针对不同情形与需求的具体做法。

在隐符号的3种手法里，具体的分类可以通过下表所述的设计与原型的关系来判断。

3种设计手法与原型的关系

类型学地域主义	体验的地域主义	人类学地域主义
注重原型中的**关系**。**拆解**地域传统的特征要素，如建筑围合庭院的构成、建筑的形式、色彩与材质的联系。在重新组合符号的时候，可以采用堆叠院落、打散建筑体量、类似的形式替换不同的材料、空间形状变异等方法。不会提取单一的符号，而是通过几个要素形成的关系来展开新的设计；在新的设计中，通过对一组关系涉及的某一个或几个要素的改变，来实现符号重组。	注重原型设计的**逻辑**。通过对原型中形式或空间产生过程的分析，理清逻辑，放大关键点。在新的设计中原型的特征要素往往以**结构化**的方式分散在建筑之中，因而给观者体验上的地域感知，常用方法包括借用园林的景框框景，强调院落对外的封闭与对内的丰富，突出建筑与场地的互动，变化地使用本土材料。	**不注重具体原型**，注重这个地区的人与事。以回归社会与本土的态度，通过让使用者参与设计的方式，赋予建筑天然的地域性。具体的方法可以是部分自发建造，当地人以当地工艺参与的协力造屋，渐进式的设计。其最终形成的，是属于特定地区的**新类型**，而原有的符号则以更深层次的方式隐匿其后。

符号从彰显到消隐的趋势

无论哪种方法，本质上都是一个地域符号再现或者隐匿的过程。除了需要市场标签的商品住宅，无论是建筑师本人的理论表达，还是实践中所展现出的倾向，似乎都羞于与符号产生关联，因此在地域主义表达中尽力将其隐藏起来。来自民居原型的特征要素，常用的包括但不限于粉墙黛瓦、院与宅、本土材料、砖石土木、漏窗景框等。这些符号在实践中既有彰显的运用，也有含蓄的隐匿，但无论如何，中国当代的住宅地域主义实践还是在向消隐符号的方向发展。

这种发展是通过地域主义设计手法实现的，表现在两个具体的方面，一是彰显符号的做法在经历了爆发式增长后逐渐减少，二是大多数有影响力的建筑师在实践中表现出去符号的愿望。

第五章

中国居住的样子

通过文献的阅读、整理，案例的观察、调研，综合的分析与判断，本书最终可以看到中国住宅设计在有关建筑地域主义的理论态度、中国住宅设计历史发展中的地域表达、当代住宅的地域主义设计方法、现状和趋势等几方面的呈现的样子。总的来说，中国住宅的地域主义设计，始终与符号保持密切的关系。

住宅设计与符号

一、从原型到类型

中国住宅建筑的地域意识表现在新中国成立后受到整体社会环境变迁的深刻影响，几乎反映了社会曲折发展的全过程。

新中国成立以后在地域主义表达方面经历了四个发展阶段：

（1）新中国成立初期的"建符号"阶段。这个阶段以"社会主义内容，民族形式"为口号，住宅设计学习国外的住区规划与平面形式，外观与装饰模仿中国传统建筑。

（2）20世纪60、70年代的"无符号"阶段。这个时期厉行节约，建筑布局异常紧凑，用料极度俭省，形式高度一致，几无地域差异。仅有少量针对不同地域不同设计的讨论。

（3）改革开放初期的"再符号"阶段。这个阶段的住宅设计标准与多样并存，住区规划低层高密、周边式围合，建筑形体常做退台，大量吸取民居传统中的院落空间、粉墙黛瓦等形式元素。

（4）21世纪"显符号"与"隐符号"并存的阶段。这个时期的商品住宅多为对传统建筑符号要素的拼贴包裹，同时一些实验住宅注重对传统或地方空间、材料、形式逻辑的解读与重构。

当代住宅设计在建筑地域主义这个问题上始终没有脱离符号，跟历史的传承不无关系。

从概念来看，建筑地域主义是一个具有多样性特征的概念。关于它的讨论从古已有，18世纪末开始成为建筑理论界的重要方向，但视角与身份始终未有定论。在当今社会，建筑地域主义肩负的责任并不是与全球化相互抗衡，而是以局部的身份融入全球化进程。建筑地域主义既不追求天下大同，也不追求乡土情怀，它与传统、乡土、民族的概念更有很大差别。它是一种反映地域特征的设计态度，是当代的、介入的、属于人群的。

20世纪西方建筑地域主义理论经历了一次不同以往的重建过程。在这个过程中产生了两次重大争论，第一次是20世纪40年代芒福德提倡的湾区风格与国际式的争论，第二次是20世纪90年代"批判的地域主义"风行一时之后因其自身的缺陷与矛盾而受到的攻击。

当代中国关于建筑地域主义的讨论受到西方影响很大。不同学者的观点彼此之间联结性不强，呈散点式分布，大致可分为五块：第一，对西方批判的地域主义理论的阅读理解；第二，通过作品解释当代中国建筑实践中出现的地域主义设计策略；第三，探讨全球化与地方性的关系，包括认为二者兼容与认为二者对立两个方面；第四，符号批判寻求学科本质；第五，对建筑地域主义本身存在意义的质疑。

其中，"符号批判"是一种很重要的态度。一部分中国建筑学者在地域主义问题上呈现"去符号"倾向，这对实践有很强的指导意义。但从另一个方面来看，理论预期在实践中会遭遇因环境影响而造成的困境，尤其是去符号的愿望与实践中为了彰显特殊性与差异性而必须再现符号的矛盾。

二、符号的迎合、回避与暧昧

当代住宅建筑的地域主义设计，往往依托于一定的地域原型，在中国，常用的原型包括北京四合院、徽州民居、江南水乡民居、江南私家园林、福建客家土楼等。这些原型中的形式、空间、材料要素，被广泛运用于当代住宅之中。

而住宅地域主义的设计手法，按照对原型中提取的特征要素操作方式不同，可以分为四种：图像地域主义，类型学地域主义，体验的地域主义，人类学地域主义。其中，图像地域主义注重原型中的图形与装饰要素，将特征突出的图形复制拼贴到新的设计里；类型学地域主义注重原型中不同要素之间的关系，把拆解出的地域要素重新组织到新的设计里；体验的地域主义注重原型的设计逻辑，因此在新的设计里，原型所具有的地域要素能够以结构化的方式置入，这给予观察者体验上的地域感受而不仅仅是视觉上的相似性；而人类学地域主义则不注重原型，只注重当时当地的人群，通过使用者参与设计与建造的方法，赋予建筑天然的地域性，建立属于当地的新符号。

"显符号"的现象，大量存在于采用图像地域主义设计方法的商品住宅之中；而"隐符号"的尝试，则多见于建筑师控制力更高的实验性住宅中，类型学地域主义、体验的地域主义、人类学地域主义等手法，正是建筑师为了规避地域传统符号的表面化操作而寻找到的。

住宅建筑的地域主义实践，尽管方法各有不同，通常会共用包括粉墙黛瓦、院与宅、本土材料砖石土木、漏窗景框等在内的空间、形式、材料要素。

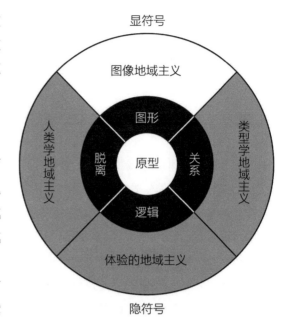

四种设计手法的判断依据

分析这些特征要素在实践中的运用，能够发现，从图像地域主义，到类型学地域主义，再到体验的地域主义，以及人类学地域主义，地域符号在实践中的表达呈现由显到隐的变化。

案例的数量与类型分布表明，当代住宅建筑的地域主义实践中，彰显符号的做法在逐渐减少，而建筑师们理论角度的"去符号"愿望，表现在设计实践中就是符号消隐的趋势。总的来说，无论在理论还是实践领域，符号消隐都是当代中国住宅地域主义设计层面的整体发展趋势。

参考文献

[1] AMOURGIS, SPYROS., edit. Critical Regionalism: The Pomona Meeting Proceedings [C]. Pomona: California State Polytechnic University, 1991.

[2] BROWN, DENISE SCOTT. "Learning from Pop" [G]. In Architecture Theory since 1968, edited by Michael Hays (Cambridge: MIT Press, 1998), 60–66.

[3] CANIZARO, VINCENT B., edit. Architectural Regionalism: Collected Writings on Place, Identity, Modernity, and Tradition [G]. New York: Princeton Architectural Press, 2007.

[4] CELIKER, AFET, BANU TEVFIKLER CAVUSOGLU, ZEHRA ONGUL. "Comparative Study of Courtyard Housing Using Feng shui," [J] Open House International 39.1 (2014): 36–47.

[5] COLQUHOUN, ALAN. "Critique of Regionalism" [G]. In Architectural Regionalism: Collected Writings on Place, Identity, Modernity, and Tradition, edited by Vincent B. Canizaro (New York: Princeton Architectural Press, 2007), 141–145.

[6] COLQUHOUN, ALAN. "The Concept of Regionalism" [G]. In Architectural Regionalism: Collected Writings on Place, Identity, Modernity, and Tradition, edited by Vincent B. Canizaro (New York: Princeton Architectural Press, 2007), 147–155.

[7] CURTIS, WILLIAM J. R. "Regionalism in Architecture Session III" [G]. In Regionalism in Architecture, edited by Robert Powell. Singapore: Concept Media/Aga Khan Award for Architecture, 1985.

[8] CURTIS, WILLIAM J. R. "Towards an Authentic Regionalism" [J]. Mimar 19 (1986): 24–31.

[9] CURTIS, WILLIAM J. R. "The Universal and the Local: Landscape, Climate and Culture" [M]. In Modern Architecture since 1900 (New York: Phaidon Press, 3rd edition, 1996), 635–655.

[10] CURTIS, WILLIAM J. R. Modern Architecture since 1900 [M]. New York: Phaidon Press, 3rd edition, 1996.

[11] EGGENER, KEITH L. "Placing Resistance: A Critique of Critical Regionalism." [J]. Journal of Architectural Education 55.4 (2002): 228–237.

[12] EGGENER, KEITH L. "Nationalism, Internationalism and the 'Naturalisation' of Modern Architecture in the United States, 1925—1940." [J]. National Identities 8.3 (2006): 243–258.

[13] EISENMAN, PETER. "Post-Functionalism". Oppositions 6 (Fall 1976).

[14] FORREST, RAY, MISA IZUHARA. "The Shaping of Housing Histories in Shanghai" [J]. Housing Studies 27 (2012): 27–44.

[15] FRAMPTON, KENNETH. "America 1960—1970: Notes on Urban Images and Theory" [J]. Casabella 35, nos. 359–60 (December 1971), 15–24.

[16] FRAMPTON, KENNETH. "Prospects for a Critical Regionalism" [G]. In Theorizing a New Agenda for Architecture: An Anthology of Architectural Theory, edited by Kate Nesbitt (New York: Princeton Architectural Press, 2nd edition, 1996), 470–482.

[17] FRAMPTON, KENNETH. "Towards a Critical Regionalism: Six Points for an Architecture of Resistance." [G]. In The Anti-Aesthetic: Essays on Postmodern Culture, edited by Hal Foster (New York: The New Press, 2002), 17–34.

[18] FRAMPTON, KENNETH. "Ten points on an Architecture of Regionalism: A Provisional Polemic" [G]. In Architectural Regionalism: Collected Writings on Place, Identity, Modernity, and Tradition, edited by Vincent B. Canizaro (New York: Princeton Architectural Press, 2007), 375–385.

[19] FRAMPTON, KENNETH. Modern Architecture: A Critical History [M]. New York: Thames & Hudson, 4th edition, 2007.

[20] FRAMPTON, KENNETH, "Towards a Distinctive Urbanism: An Interview with Kenneth Frampton," [J]. interviewed by Tom Verebes, Architectural Design 6 (2015): 24–31.

[21] GARREAU, JOEL. The Nine Nations of North America. Boston: Houghton Mifflin Company, 1981.

[22] GREENBERG, CLEMENT. "Avant-Garde and Kitsch" [J]. Partisan Review 6:5 (1939): 34-49.
[23] HARWELL HAMILTON HARRIS. Regionalism and Nationalism in Architecture [J]. Texas Quarterly 1, February 1958, 115-124.
[24] LEFAIVRE, LIANE, ALEXANDER TZONIS. Architecture of Regionalism in the Age of Globalization: Peaks and Valleys in the Flat World [M]. Abingdon-on-Thames: Routledge, 2011.
[25] LIM, WILLIAM S.W. "Architecture in Transition." [J]. Mimar 3 (1982): 22-24.
[26] MORGAN, LEWIS HENRY. Houses and House-Life in American Aborigines [M]. Amazon Digital Services LLC, 2012.
[27] MUMFORD, LEWIS. Sticks and Stones: A Study of American Architecture and Civilization [M]. New York: Boni & Liveright, 1924.
[28] MUMFORD, LEWIS. The South in Architecture [M]. New York: Harcourt, Brace and Company, 1941.
[29] MUMFORD, LEWIS. "The Sky Line: Status Quo," [N]. New Yorker, October 11, 1947, 104-110. http://archives.newyorker.com/?i=1947-10-11#folio=104
[30] MUMFORD, LEWIS. Technics & Civilization [M]. Chicago: University of Chicago Press, 2010.
[31] NESBITT, KATE, edit. Theorizing a New Agenda for Architecture: An Anthology of Architectural Theory 1965—1995 [G]. New York: Princeton Architectural Press, 2rd edition, 1996.
[32] NEUTRA, RICHARD J. "Regionalism in Architecture." [G]. In Architectural Regionalism: Collected Writings on Place, Identity, Modernity, and Tradition, edited by Vincent B. Canizaro (New York: Princeton Architectural Press, 2007), 276-279.
[33] NORBERG-SCHULZ, CHRISTIAN. Meaning in Western Architecture [M]. New York: Rizzoli International Publications, Inc., 1980.
[34] OUROUSSOFF, NICOLAI. "In Modern China, 'Little Kingdoms for the People'." [N]. The New York Times, October 12, 2008.
[35] PAVLIDES, ELEFTHERIOS. "Four approaches to Regionalism in Architecture." [C]. In Critical Regionalism: The Pomona Meeting Proceedings, edited by Spyros Amourgis (Pomona: College of Environmental Design, California State Polytechnic University, 1991), 305-321.
[36] PRUSSIN, LABELLE. Architecture in Northern Ghana: A Study of Forms and Functions [M]. Berkeley and Los Angeles: University of California Press, 1969.
[37] PRUSSIN, LABELLE. "Constructing a Life in African Architecture." [J]. Critical Interventions 2 (2008): 168-174.
[38] RAPOPORT, AMOS. House Form and Culture [M]. Upper Saddle River: Pearson, 1969.
[39] RAPOPORT, AMOS. "On the Cultural Origins of Settlements." [G]. In Introduction to Urban Planning, edited by Anthony J, Catanese, and James C. Snyder (New York: McGraw-Hill Book Company, 1979), 31-61.
[40] RAPOPORT, AMOS. "Vernacular architecture and the cultural determinants of form" [G]. In Buildings and Society: Essays on the social development of the built environment, edited by Anthony D. King (London, Boston, Melbourne and Henley: Routledge & Kegan Paul, 1980), 283-305.
[41] RAPOPORT, AMOS. "The Nature of the Courtyard House: A Conceptual Analysis." [J]. TDSR 18.2 (2007): 57-72. Accessed June 21, 2011. http://iaste.berkeley.edu/pdfs/18.2e-Spr07rapoport-sml.pdf.
[42] ROSSI, ALDO. The Architecture of the City [M]. Translated by Diane Ghirardo and Joan Ockman. Cambridge: The MIT Press, 1984.
[43] RUDOFSKY, BERNARD. Architecture Without Architects: A short Introduction to Non-pedigreed Architecture [M]. New York: Museum of Modern Art, 1964.
[44] San Francisco Museum of Art, edit. Domestic Architecture of the San Francisco Bay Region [G]. San Francisco: San Francisco Museum of Art, 1949.
[45] SHADAR, HADAS. "Between East and West: immigrants, critical regionalism and public housing" [J].

The Journal of Architecture 9 (2004): 23-48.

[46] STORM, ERIC. "A Global History of Regionalism?" Review of Architecture of Regionalism in the Age of Globalization, by Liane Lefaivre and Alexander Tzonis [J]. Building Research & Information, 41：2, 250-253. DOI: 10.1080/09613218.2012.731232. http://dx.doi.org/10.1080/09613218.2012.731232

[47] The Museum of Modern Art, complier. Modern Architecture: International Exhibition [G]. New York: The Museum of Modern Art, 1932.

[48] The Museum of Modern Art, complier. Modern Architecture in England [G]. New York: The Museum of Modern Art, 1937.

[49] The Museum of Modern Art, complier. A New House by Frank Lloyd Wright [G]. New York: The Museum of Modern Art, 1938.

[50] The Museum of Modern Art. "What is Happening to Modern Architecture?" [G]. In Architectural Regionalism: Collected Writings on Place, Identity, Modernity, and Tradition, edited by Vincent B. Canizaro (New York: Princeton Architectural Press, 2007), 292-309.

[51] TAYLOR-LEDUC, SUSAN. The Pleasure of Surprise: The Picturesque Garden in France [J]. The Senses and Society, 10：3 (2015): 361-380.

[52] TREIB, MARC., edit. An Everyday Modernism: The Houses of William Wurster [M]. Berkeley: University of California Press, 1999.

[53] TZONIS, ALEXANDER, LIANE LEFAIVRE. "The grid and the pathway. An introduction to the work of Dimitris and Suzana Antonakakis" [J]. Architecture in Greece 15 (Athens: 1981): 178.

[54] TZONIS, ALEXANDER, LIANE LEFAIVRE. "Why Critical Regionalism Today?" [J]. Architecture and Urbanism no. 236 (May 1990): 22-33.

[55] TZONIS, ALEXANDER, LIANE LEFAIVRE. "Critical Regionalism" [C]. In Critical Regionalism: The Pomona Meeting Proceedings (Pomona: California State Polytechnic University, 1991), 3-23.

[56] VENTURI, ROBERT. Complexity and Contradiction in Architecture [M]. New York: The Museum of Modern Art, 1966.

[57] VENTURI, ROBERT. Denise Scott Brown, and Steven Izenour. Learing from Lasvegas [M]. Cambridge: The MIT Press, revised edition, 1986.

[58] VIDLER, ANTHONY. The third typology [J]. Oppositions, 7, (1976): 1-3.

[59] VIDLER, ANTHONY. The idea of type: the transformation of the academic ideal, 1750—1830 [J]. Oppositions reader (1998): 437-460.

[60] 艾侠, 王荞. 又见"第五园"——上海万科蓝山三期设计实录[J]. 城市建筑, 2011（5）：95-99.

[61] 安生, 王灏. 自宅春晓岸[J]. 中华手工, 2015（3）：80-83.

[62] 巴尔特. 符号学原理[M]. 李幼蒸译. 北京：中国人民大学出版社, 2007.

[63] 百年建筑编辑部. 西安群贤庄[J]. 百年建筑, 2003（12）：38-39.

[64] 鲍家声. 支撑体住宅规划与设计[J]. 建筑学报, 1985（2）：41-47.

[65] 鲍家声. 支撑体住宅规划与设计（续）[J]. 建筑学报, 1985（3）：62-66.

[66] 鲍威. 北京四分院的七对建筑矛盾[J]. 时代建筑, 2015（6）：96-103.

[67] 本雅明. 机械复制时代的艺术作品[M]. 王才勇译. 北京：中国城市出版社, 2001.

[68] 毕宝德. 土地经济学[M]. 北京：中国人民大学出版社, 1996.

[69] 标准营造. "微杂院"儿童图书馆及艺术中心, 北京, 中国[J]. 世界建筑, 2017（2）：40-47.

[70] 波德里亚. 消费社会[M]. 刘成富, 全志刚译. 南京：南京大学出版社, 2000.

[71] 曹庆涵. 再论"中国式社会主义现代建筑"理论口号的提出[J]. 华中建筑, 1985（1）：12-17.

[72] 常青. 建筑学的人类学视野[J]. 建筑师, 2008（6）：95-101.

[73] 车尔尼雪夫. 苏联建筑学的主要任务[J]. 马志瑞译. 科学通报, 1953（2）：70-71.

[74] 城市环境设计编辑部. 玉山石柴[J]. 城市环境设计, 2010（Z1）：35-37.

[75] 楚尼斯，勒菲弗尔. 批判性地域主义——全球化世界中的建筑及其特性[M]. 王丙辰译，汤阳校. 北京：中国建筑工业出版社，2007.
[76] 陈昌勇，肖大威. 以岭南为起点探析国内地域建筑实践新动向[J]. 建筑学报，2010（2）：68-73.
[77] 陈从周. 摄影珍藏版：说园[M]. 济南：山东画报出版社，同济大学出版社，2002.
[78] 陈鲛. 评建筑的民族形式——兼论社会主义建筑[J]. 建筑学报，1981（1）：38-46.
[79] 陈一峰，江文渊，杨永悦. 关于"中国式栖居"的访谈[J]. 建筑技艺，2011（Z4）：99-102.
[80] 程泰宁，王大鹏. 杭州的房子——"金都华府"居住小区设计散记[J]. 建筑学报，2007（11）：48-52.
[81] 崔愷. 建筑，寻找适合那片土地的特色[J]. 建筑时报，2014（6）.
[82] 崔愷. 崔愷自述[J]. 世界建筑，2017（5）：14.
[83] 崔愷，朱小地，庄惟敏，朱文俊. 20年后回眸香山饭店[J]. 百年建筑，2003（1，2）：40-50.
[84] 戴路，王瑾瑾. 新世纪十年中国地域性建筑研究（2000—2009）[J]. 建筑学报，2012（S2）：80-85.
[85] 代莹，石春晖，宋峰. 形态学探析社会主义中国城乡空间实践的遗产——以北京百万庄为例[J]. 城市发展研究，2016（5）：49-55.
[86] 德波. 景观社会[M]. 王昭风译. 南京：南京大学出版社，2006.
[87] 董璁. 同济新村中小套型住宅设计研究[D]. 硕士学位论文，同济大学，2007.
[88] 董豫赣. 稀释中式[J]. 时代建筑，2006（3）：28-35.
[89] 董豫赣，黄居正. 清水会馆[J]. 建筑师，2006（6）：136-148.
[90] 董豫赣，刘珏，李宝童. 中释西式 北京清水会馆[J]. 室内设计与装修，2007（10）：50-57.
[91] 杜儵然. 谢英俊家屋体系重建经验研究——以四川茂县杨柳村灾后重建为例[J]. 建筑，2010（19）：68-69.
[92] 方振宁. 单纯和复杂同构——王昀的庐师山庄A+B住宅[J]. 时代建筑，2006（3）：102-107.
[93] 费孝通. 重建社会学与人类学的回顾和体会[J]. 中国社会科学，2000（1）：37-51+204-205.
[94] 费孝通. 我为什么主张"文化自觉"[N]. 北京日报，2003年8月25日.
[95] 费孝通. 江村经济[M]. 戴可景译. 北京：北京大学出版社，2012.
[96] 费孝通. 全球化与文化自觉：费孝通晚年文选，方李莉编[M]. 北京：外语教学与研究出版社，2013.
[97] 冯纪忠. 方塔园规划[J]. 建筑学报，1981（7）：40-45+29-84.
[98] 高莺. 北京市恩济里小区规划设计[J]. 建筑知识，1996（4）：19-21.
[99] 龚革非，孙蓉. 嘉兴江南·润园[J]. 城市建筑，2010（1）：57-62.
[100] 顾军，王立成. 试论北京四合院的建筑特色[J]. 北京联合大学学报，2002（1）：57-62.
[101] 关瑞明，聂兰生. 传统民居类设计的未来展望[J]. 建筑学报，2003（12）：47-49.
[102] 国家建委建筑科学研究院建筑设计研究所. 全国住宅设计图片展览选介[J]. 建筑学报，1974（6）：6-25+53-54.
[103] 郭鹏宇，丁沃沃. 走向综合的类型学——第三类型学和形态类型学比较分析[J]. 建筑师，2017（1）：36-44.
[104] 郭卫兵等. "本真的地域性"主题沙龙[J]. 城市建筑，2016（34）：6-13.
[105] 韩秋，汪克田，戴松青. 追溯城市历史 重塑人文空间——北京·香山甲第别墅区环境设计[J]. 中国园林，2005（4）：6-12.
[106] 杭州中联程泰宁建筑设计研究院有限公司. 杭州金都华府[J]. 百年建筑，2007（Z2）：12-17.
[107] 贺刚. "芙蓉古城"之苏式院落设计[J]. 四川建筑，2003（2）：5-6.
[108] 赫拉利. 人类简史：从动物到上帝[M]. 林俊宏译. 北京：中信出版社，2014.
[109] 洪杰，殷新. 苏州拙政东园园林别墅区设计探索[J]. 建筑学报，2009（5）：31-33.
[110] 胡海洪，周潮，宋康哲. 现代中式住区规划设计研究[J]. 中外建筑，2015（12）：115-116.
[111] 胡恒. 当他们谈论"现代建筑"时，他们在谈论什么？[J]. 建筑学报，2014（9+10）：40-45.

[112] 华东工业建筑设计院. 附东北某厂居住区详细规划设计的内容简介[J]. 建筑学报, 1955（2）: 24-39.

[113] 滑际珂. 天津"格调竹境"[J]. 城市环境设计, 2011（Z1）: 128-132.

[114] 华揽洪. 关于北京右安门实验性住宅设计经验介绍[J]. 建筑学报, 1955（3）: 24-34.

[115] 华揽洪. 北京幸福村街坊设计[J]. 建筑学报, 1957（3）: 16-35.

[116] 黄彬. 在边缘中求得生存——魏春雨访谈[J]. 新建筑, 2010（3）: 139-140.

[117] 黄汉民. 倾听"福建土楼"的呼唤[J]. 建筑创作, 2006（9）: 58-67.

[118] 黄正骊, 王灏. 自由结构 关于宁波春晓砖宅的对话[J]. 时代建筑, 2013（5）: 96-105.

[119] 荒漠. 香山饭店设计的得失[J]. 建筑学报, 1983（4）: 65-71.

[120] 矶崎新. 上海九间堂别墅之一, 中国[J]. 世界建筑, 2004（7）: 41-43.

[121] 贾荣香, 孙荧. 北京百万庄住宅区建筑的文化特征与存在价值研究[J]. 北京建筑工程学院学报, 2012（3）: 76-80.

[122] 建筑创作编辑部. 水边的灰房子: 深圳万科棠樾居住区[J]. 建筑创作, 2009（4）: 112-119.

[123] 建筑学报编辑部. 贯彻"干打垒"精神, 降低非生产性建筑造价——住宅、宿舍设计汇编[J]. 建筑学报, 1966（3）: 2-13.

[124] 蒋毅博. 徽州民居的美学特征[J]. 文物鉴定与鉴赏, 2018（1）: 124-129.

[125] 焦洋. 浅议呈现于戈特弗里德·森佩尔《风格》中的"中国建筑"[J]. 建筑师, 2018（1）: 90-99.

[126] 金秋野. 莫诺尔——柯布西耶作品中的筒形拱母体与反地域性乡土建筑[J]. 建筑师, 2015（5）: 49-68.

[127] 金秋野. 厚土重本 大地文章——崔愷和他的"本土设计"[J]. 建筑学报, 2016（8）: 118-119.

[128] 柯布西耶. 走向新建筑[M]. 陈志华译. 西安: 陕西师范大学出版社, 2004.

[129] 柯里亚, 玉简峰. 孟买干城章嘉公寓, 印度[J]. 世界建筑, 1985（1）: 66-67+84.

[130] 孔宇航, 王时原, 刘九菊. 地域性思考 整体性设计——非线性有机建筑笔记[J]. 城市建筑, 2009（06）: 28-30.

[131] 赖德霖. 从现代建筑"画意"话语的发展看王澍建筑[J]. 建筑学报, 2013（4）: 80-91.

[132] 赖聚奎. 武夷山庄[J]. 世界建筑导报, 1995（2）: 88-89.

[133] 乐征. 从清华坊到万科第五园——论现代中式住宅立面造型设计手法之发展[J]. 中外建筑, 2006（2）: 29-31.

[134] 李丹, 陶磊. 凹舍[J]. 建筑知识, 2011（5）: 58-63.

[135] 李昊, 刘宏志, 周志菲. 材料在集群建筑设计中的地域性表达[J]. 建筑师, 2013（5）: 27-35.

[136] 李宏铎. 百万庄住宅区和国棉一厂生活区调查[J]. 建筑学报, 1956（6）: 19-28+67.

[137] 李虎, 黄文菁. 退台方院, 福州, 中国[J]. 世界建筑, 2015（3）: 160-165.

[138] 李虎, 黄文菁, 周亭婷 等. 退台方院[J]. 城市环境设计, 2015（4）: 137-143.

[139] 李虎, 黄文菁. 退台方院[J]. 建筑学报, 2015（5）: 50-56.

[140] 利科. 历史与真理[M]. 姜志辉译. 上海: 上海译文出版社, 2004.

[141] 李婷婷. 从批判的地域主义到自反性地域主义——比较上海新天地和田子坊[J]. 世界建筑, 2010（12）: 122-127.

[142] 李婷婷. 自反性地域理论初探——对批判地域主义的理论延伸[D]. 博士学位论文, 清华大学, 2011.

[143] 李炜. 聚岭南文化之精华 弘岭南建筑之精髓——广州岭南花园设计[J]. 南方建筑, 2004（2）: 78-81.

[144] 李翔宁. 权宜建筑——青年建筑师与中国策略[J]. 时代建筑, 2005（6）: 18-23.

[145] 李翔宁. 在蜷缩与伸展之间 阅读张雷的两个建筑作品[J]. 时代建筑, 2010（1）: 108-119.

[146] 李翔宁. 在院与墙之间阅读非常建筑的涵璧湾花园[J]. 时代建筑, 2011（6）: 60-67.

[147] 李翔宁. 想像中国的方法[J]. 世界建筑, 2014（8）: 27-29.
[148] 李翔宁, 莫万莉. 全球视野中的"当代中国建筑"[J]. 时代建筑, 2018（2）: 15-19.
[149] 李翔宁, 倪旻卿. 24个关键词图绘当代中国青年建筑师的境遇、话语与实践策略[J]. 时代建筑, 2011（2）: 30-35.
[150] 李翔宁, 张子岳. 当代中国建筑与城市美学刍议[J]. 美术观察, 2018（5）: 18-20.
[151] 李晓东. 有"形"与无"形"[J]. 世界建筑, 2001（1）: 80-83.
[152] 李晓东. 反思的设计[J]. 世界建筑, 2005（11）: 88-90.
[153] 李晓东. 媚俗与文化——对当代中国文化景观的反思[J]. 世界建筑, 2008（4）: 116-121.
[154] 李晓东. 注解天然——云南丽江森庐, 中国[J]. 世界建筑, 2010（10）: 116-119.
[155] 李晓东. 森庐[J]. 住区, 2011（02）: 64-69.
[156] 李晓东. 自省的地域主义 李晓东访谈录[J]. 室内设计与装修, 2015（7）: 106+105.
[157] 李晓东. 身份认同：自省的地域实践[J]. 世界建筑, 2018（1）: 27-31.
[158] 李晓东, 刘令贵, 蒋维乐. 自然的重构 森庐会所[J]. 室内设计与装修, 2015（7）: 107-111.
[159] 李晓东, 刘雅蕴, 黄承文, 潘希. 篱苑书屋[J]. 城市环境设计, 2012（3）: 60-69.
[160] 李晓东, 商谦, 陈梓榆. 李晓东·说[J]. 城市设计, 2017（2）: 54-67.
[161] 李晓东工作室. 森庐, 丽江, 云南, 中国[J]. 世界建筑, 2014（9）: 44-53.
[162] 李晓鸿. 关系到70%人类居所的思考与实践——关于谢英俊建筑师巡回展[J]. 建筑学报, 2011（4）: 110-114.
[163] 李晓梅. 建筑的传承与创新——兼说康堡花园[J]. 建筑, 2005（8）: 91-92.
[164] 李小山. 罗旭和他的"土著巢"[J]. 世界建筑导报, 2016（4）: 6-7.
[165] 李欣韵. 仿古与生态园林之典范——成都"芙蓉古城"园林设计特色解读[J]. 四川建筑科学研究, 2009（1）: 215-218.
[166] 李垣. 当代中国住宅地域性设计的四种策略研究[D]. 硕士学位论文, 同济大学, 2014.
[167] 李浈. 营造意为贵, 匠艺能者师——泛江南地域乡土建筑营造技艺整体性研究的意义、思路与方法[J]. 建筑学报, 2016（2）: 78-83.
[168] 李振宇, 常琦, 董怡嘉. 从住宅效率到城市效益 当代中国住宅建筑的类型学特征与转型趋势[J]. 时代建筑, 2016（6）: 6-14.
[169] 李振宇, 李垣. 本土材料的当代表述——中国住宅地域性实验的三个案例[J]. 时代建筑, 2014（3）: 72-76.
[170] 梁思成. 苏联专家帮助我们端正了建筑设计的思想[J]. 文物参考资料, 1953（3）: 107-113.
[171] 梁思成. 苏联的建筑科学研究工作[J]. 科学通报, 1953（11）: 25-29+19.
[172] 梁思成. 中国建筑的特征[J]. 建筑学报, 1954（1）: 36-39.
[173] 梁思成. 民族的形式, 社会主义的内容[G]. 梁思成全集 第五卷（北京：中国建筑工业出版社, 2001）, 169-174.
[174] 梁思成. 永远一步也不再离开我们的党[G]. 梁思成全集 第五卷（北京：中国建筑工业出版社, 2001）, 268-269.
[175] 梁雪. 对乡土建筑的重新认识与评价——解读《没有建筑师的建筑》[J]. 建筑师, 2005（3）: 105-107.
[176] 刘涤宇. 宅形确立过程中各要素作用方式探讨[J]. 建筑学报, 2008（4）: 100-101.
[177] 刘东洋. 到方塔园去[J]. 时代建筑, 2011（1）, 140-147.
[178] 刘东洋. 王澍的一个思想性项目 他从阿尔多·罗西的《城市建筑学》中学到了什么[J]. 新美术, 2013（8）: 105-115.
[179] 刘敦桢. 批判梁思成先生的唯心主义建筑思想[J]. 南工学报, 1955（1）: 1-10.
[180] 刘敦桢. 中国住宅概说[J]. 建筑学报, 1956（4）: 1-53.
[181] 刘珺. 玉山石柴——献给父亲的"石头房子"[J]. 广西城镇建设, 2014（6）: 70-75.

[182] 刘凯. 二十世纪末美术界"张吴之争"分析与研究[J]. 清华大学学报（哲学社会科学版）, 2011（3）：49-58+156.
[183] 刘萍, 黎平, 李国庆. 浅析江南私家园林在北京的营造——以北京天伦随园种植设计为例[J]. 中国城市林业, 2007（5）：37-39.
[184] 刘先觉, 葛明. 当代世界建筑文化之走向[J]. 华中建筑, 1998（4）：25-27.
[185] 刘骁纯. 吴冠中与林风眠[J]. 文艺研究, 1991（4）：121-129.
[186] 刘晓都, 孟岩. 土楼公社[J]. 中国建筑装饰装修, 2010（6）：66-75.
[187] 刘晓都, 孟岩. 土楼公社, 南海, 广东, 中国[J]. 世界建筑, 2011（5）：84-85.
[188] 刘晓都, 孟岩, 王辉. 用"当代性"来思考和制造"中国式"[J]. 时代建筑, 2006（3）：22-27.
[189] 刘晓平. 从批判的地域主义思想到本体性的设计——以罗店新镇美兰湖国际会议中心设计为例[J]. 建筑师, 2004（5）：56-64.
[190] 刘晓平. "地域认同和文化商品化"范式批评——当代中国建筑跨文化传播现象新视角之二（系列四）[J]. 中外建筑, 2009（12）：46-48.
[191] 刘晓平. 透视全球化、市场化背景下的建筑实践[J]. 华中建筑, 2011（3）：14-17+23.
[192] 柳亦春. 窗非窗、墙非墙——张永和的建造与思辨[M]. 出自 张永和. 平常建筑（北京：中国建筑工业出版社, 2002, 47-55.
[193] 刘致平, 傅熹年. 中国古代住宅建筑发展概论[J]. 华中建筑, 1984（3）：57-67.
[194] 刘致平, 傅熹年. 中国古代住宅建筑发展概论（续）[J]. 华中建筑, 1984（4）：58-68.
[195] 刘致平, 傅熹年. 中国古代住宅建筑发展概论（续）[J]. 华中建筑, 1985（1）：49-56.
[196] 刘致平, 傅熹年. 中国古代住宅建筑发展概论（续）[J]. 华中建筑, 1985（2）：46-50.
[197] 刘致平, 傅熹年. 中国古代住宅建筑发展概论（续）[J]. 华中建筑, 1985（3）：37-43.
[198] 陆激. 言无言而任自然——怀疑论者的地域性表达[J]. 城市建筑, 2016（34）：28-31.
[199] 卢健松. 建筑地域性研究的当代价值[J]. 建筑学报, 2008（7）：15-19.
[200] 卢健松, 李坚. 建筑地域性研究与自组织理论的契合[J]. 建筑师, 2010（3）：5-11.
[201] 陆邵明. 全球地域化视野下的建筑语境塑造[J]. 建筑学报, 2013（8）：20-25.
[202] 卢永毅. 建筑：地域主义与身份认同的历史景观[J]. 同济大学学报（社会科学版）, 2008（2）：39-48.
[203] 陆元鼎. 从传统民居建筑形成的规律探索民居研究的方法[J]. 建筑师, 2005（6）：5-7.
[204] 陆元鼎, 杨谷生编. 中国民居建筑[M]. 广州：华南理工大学出版社, 2003.
[205] 罗斯曼, 徐知兰译. 谦逊之师——作为建筑师与教师的李晓东[J]. 世界建筑, 2014（9）：26-29+135.
[206] 吕俊华, 彼得·罗, 张杰, 编. 中国现代城市住宅：1840—2000[M]. 北京：清华大学出版社, 2002.
[207] 吕俊华, 邵磊. 1978~2000年城市住宅的政策与规划设计思潮[J]. 建筑学报, 2003（9）：7-10.
[208] 马敏. 地域性与复杂性——浅析当代地域性建筑的复杂性形态语言[J]. 新建筑, 2014（1）：108-111.
[209] 芒福德. 技术与文明[M]. 陈允明, 王克仁, 李华山译, 李伟格, 石光校. 北京：中国建筑工业出版社, 2009.
[210] 孟凡浩. 抽象与重构——杭州东梓关农居设计策略探索[J]. 建筑师, 2016（5）：57-64.
[211] 孟凡浩. 杭州富阳东梓关回迁农居[J]. 城市建筑, 2017（10）：48-57.
[212] 聂晨, 杨健. 茂县太平乡杨柳村灾后重建——轻钢结构房屋体系示范生态重建[J]. 建设科技, 2010（9）：44-48.
[213] 诺伯格-舒尔茨. 西方建筑的意义[M]. 李路珂 欧阳恬之译, 王贵祥校. 北京：中国建筑工业出版社, 2005.
[214] 欧阳谦. 消费社会与符号拜物教[J]. 中国人民大学学报, 2015（6）：66-74.
[215] 彭怒, 支文军. 中国当代实验性建筑的拼图——从理论话语到实践策略[J]. 时代建筑, 2002（5）：

20-25.

[216] 彭培根. 从贝聿铭的北京"香山饭店"设计谈现代中国建筑之路[J]. 建筑学报, 1980（4）, 14-20.
[217] 屈湘玲. 罗劲: 建筑本天成, 妙手偶得之[J]. 中外建筑, 2010（12）: 32-43.
[218] 茹雷. 并置的转换 时间观念及其对建筑范式解读的影响[J]. 时代建筑, 2012（4）: 36-41.
[219] 阮仪三, 相秉军. 苏州古城街坊的保护与更新[J]. 城市规划汇刊, 1997（4）: 45-49+12.
[220] 单霁翔. 乡土建筑遗产保护理念与方法研究（上）[J]. 城市规划, 2008（12）: 33-39+52.
[221] 单霁翔. 乡土建筑遗产保护理念与方法研究（下）[J]. 城市规划, 2009（1）: 57-66+79.
[222] 单军 等. 本土与原创[J]. 城市环境设计, 2010（Z2）: 34-39.
[223] 上海三益建筑设计有限公司. 苏州水岸清华[J]. 城市建筑, 2009（1）: 74-75.
[224] 尚杰. 从结构主义到后结构主义（上）[J]. 世界哲学, 2004（3）: 48-60.
[225] 尚杰. 从结构主义到后结构主义（下）[J]. 世界哲学, 2004（4）: 59-81.
[226] 沈钧, 沈昌乙. 自然与人文的交融智慧与造化的结晶: 江南传统民居解读[J]. 建筑创作, 2009（1）: 136-145.
[227] 沈克宁. 批判的地域主义[J]. 建筑师, 2004（10）: 45-55.
[228] 申作伟, 毕金良, 王寿涛, 李娜. 优山美地·东韵住宅小区[J]. 建筑学报, 2006（4）: 51-55.
[229] 申作伟. 优山美地·东韵生态住宅小区A区[J]. 城市·环境·设计, 2011（1+2）: 255-257.
[230] 史健, 阮洪涛, 董钿宇. 观唐: 对传统居住形态的探讨与实践[J]. 建筑创作, 2008（3）: 114-128.
[231] 史永高. 建筑展览的"厚度"（上）——重读魏森霍夫住宅博览会[J]. 新建筑, 2006（1）: 82-86.
[232] 水天中. 吴冠中和他的艺术[J]. 文艺研究, 2007（3）: 126-136+176.
[233] 斯塔夫里阿诺斯. 全球通史: 从史前史到21世纪[M]. 董书慧, 王昶, 徐正源译. 北京: 北京大学出版社, 2005.
[234] 宋晟. 对当代地域建筑创作的几点思考[J]. 华中建筑, 2007（1）: 35-39.
[235] 孙迪. 无锡江南坊中式住宅社区景观设计[J]. 城市建筑, 2007（5）: 67-69.
[236] 索绪尔. 普通语言学教程[M]. 高名凯译. 上海: 商务印书馆, 1980.
[237] 谭菲. 罗兰·巴特思想后结构主义转向的理论表述模式探析[J]. 文艺评论, 2017（5）: 59-66.
[238] 谭刚毅. 土楼, 土楼公社, 乌托邦住宅及其他[J]. 住区, 2012（6）: 50-61.
[239] 陶磊. 凹舍, 本溪, 辽宁, 中国[J]. 世界建筑, 2010（10）: 94-96.
[240] 陶磊. 凹舍的材料感性[J]. 时代建筑, 2014（3）: 82-89.
[241] 天津市建筑设计院. "干打垒"住宅调查情况[J]. 铁路标准设计通讯, 1971（8）: 56+55.
[242] 桐芳巷小区设计组. 探索古城风貌重塑桐芳巷风采——苏州桐芳巷试点小区规划设计简介[J]. 建筑学报, 1997（7）: 20-24.
[243] 同济大学五七公社建筑学专业理论小组. 批判古代住宅建筑设计中的儒家思想[J]. 科学通报, 1975（1）: 1-3.
[244] 童寯. 江南园林志（第二版）[M]. 北京: 中国建筑工业出版社, 1984.
[245] 童明, 董豫赣, 王澍, 张斌, 周蔚, 葛明. 天亚的院宅, 苏州, 中国[J]. 世界建筑, 2006（3）: 99-109.
[246] 童明. 罗西与《城市建筑》[J]. 建筑师, 2007（10）: 26-41.
[247] 童明. 理型与理景（一）——王澍的文本及其建筑[J]. 建筑师, 2013（2）: 6-19.
[248] 童明. 理型与理景（二）——王澍的文本及其建筑[J]. 建筑师, 2013（3）: 16-26.
[249] 童明. 理型与理景（三）——王澍的文本及其建筑[J]. 建筑师, 2013（4）: 46-59.
[250] 王方戟. 漂浮三连宅[J]. 时代建筑, 2003（6）: 46-51.
[251] 王飞. 古村清梦 大理喜洲"竹庵"[J]. 时代建筑, 2016（4）: 88-95.
[252] 王戈, 于宏涛. 上海万科第五园[J]. 建筑创作, 2011（1）: 120-151.

[253] 王光明. 浅谈徽州民居[J]. 建筑学报, 1996（1）: 55-60.
[254] 王桂琴. 无锡市沁园新村规划设计[J]. 城市规划, 1989（5）: 37-39.
[255] 王桂琴. 无锡市沁园新村的设计[J]. 住宅科技, 1989（10）: 11-15.
[256] 王灏, 马学鑫, 徐丹. 王宅[J]. 城市环境设计, 2014（5）: 178-181.
[257] 王洪艳. 地域建筑创作与建筑形式[J]. 华中建筑, 2008（6）: 12-14.
[258] 王金顺. 古典意境 现代风情——杭州"颐景山庄"景观设计[J]. 园林工程, 2007（9）: 8-10.
[259] 王骏阳. 从"Fab-Union Space"看数字化建筑与传统建筑学的融合[J]. 时代建筑, 2016（5）: 90-97.
[260] 汪丽君. 广义建筑类型学研究——对当代西方建筑形态的类型学思考与解析[D]. 博士学位论文. 天津大学, 2002.
[261] 汪丽君, 舒平. 当代西方建筑类型学的架构解析[J]. 建筑学报, 2005（8）: 18-21.
[262] 汪丽君, 舒平, 赵小刚. 不与丹青竞高下 清白人家景最奇——承德市文明生态村建设中住宅地域特色营造研究[J]. 城市环境设计, 2008（4）: 102-105.
[263] 王鲁民, 李帅. 以地方志为基础的中国传统建筑分类探讨[J]. 建筑师, 2017（2）: 46-55.
[264] 王楠. 芒福德地域主义思想的批判性研究[J]. 世界建筑, 2006（12）: 115-117.
[265] 王澍. 死屋手记·空间的诗语结构[D]. 硕士学位论文. 南京工学院, 1988.
[266] 王澍. 设计的开始[M]. 北京: 中国建筑工业出版社, 2002.
[267] 王澍. 虚构城市[J]. 新建筑, 2002（3）: 80.
[268] 王澍. "中国式住宅"的可能性——王澍和他的研究生们的对话[J]. 时代建筑, 2006（3）: 36-41.
[269] 王澍, 陆文宇. 中国美术学院象山校区[J]. 建筑学报, 2008（9）: 50-59.
[270] 王澍, 陆文宇. 循环建造的诗意 建造一个与自然相似的世界[J]. 时代建筑, 2012（2）: 66-69.
[271] 王澍, 陆文宇. 瓦山——中国美术学院象山校区专家接待中心[J]. 建筑学报, 2014（1）: 30-41.
[272] 王伟, 王建国, 潘永询. 空间隐含的秩序——土楼聚落形态与区域和民系的关联性研究[J]. 建筑师, 2016（1）: 95-103.
[273] 王小东 等. 基于地域性建筑创作实践的思辨与展望[J]. 城市建筑, 2008（6）: 36-38.
[274] 王晓民, 朱光亚, 张茂恒, 余海. 南京"中国人家"中式园林住宅规划及设计[J]. 百年建筑, 2003（12）: 28-33.
[275] 王维仁. "边缘"的现代性: 空间、地景与织理[J]. 建筑师, 2012（4）: 41-43.
[276] 王信, 陈迅. 中国式住宅项目一览（2002—2005）[J]. 时代建筑, 2006（3）: 70-71.
[277] 王毅. 中国城市住宅20年主题变奏[J]. 建筑学报, 2008（4）: 1-4.
[278] 王毅. 从被动到主动的地域建筑——黄龙瑟尔措国际大酒店设计[J]. 建筑学报, 2013（5）: 23-25.
[279] 王颖, 卢永毅. 对"批判的地域主义"的批判性阅读[J]. 建筑师, 2007（10）: 12-17.
[280] 王雨村. 从"桐芳巷"到"新天地"——谈苏州历史街区保护对策[J]. 规划师, 2003（6）: 20-23.
[281] 王豫章. 成都清华坊[J], 建筑学报, 2005（4）: 47-49.
[282] 王元舜. 苏联"民族形式、社会主义内容"建筑理论来源与演变之初探[J]. 新建筑, 2014（4）: 91-93.
[283] 王昀. 庐师山庄[J]. 建筑师, 2006（2）: 163-173.
[284] 王允道. 评罗兰·巴特的结构主义[J]. 当代外国文学, 1996（4）: 63-68.
[285] 魏春雨. 建筑类型学研究[J]. 华中建筑, 1990（2）: 81-96.
[286] 魏春雨. 关于地方工作室的工作[J]. 新建筑, 2013（6）: 61-64.
[287] 魏闽. 中式意境, 现代感受——"九间堂"别墅区总体及建筑单体设计的解读[J]. 时代建筑, 2006（3）: 86-91.
[288] 隈研吾. 竹屋[J]. 新材料新装饰, 2003（4）: 24-25.

[289] 文卷, 蒋烨. 浅谈"木结构"的南方民居审美文化价值差异——以徽州、江南和福建土楼为例[J]. 中外建筑, 2012（8）: 37-39.
[290] 文丘里, 布朗. 向拉斯维加斯学习[M]. 徐怡芳 王健译, 王天蕴校. 南京: 江苏凤凰科学技术出版社, 2017.
[291] 吴良镛. 广义建筑学[M]. 北京: 清华大学出版社, 1989.
[292] 吴良镛. 北京旧城居住区的整治途径——城市细胞的有机更新与新四合院的探索[J]. 建筑学报, 1989（7）: 11-18.
[293] 吴良镛. 从"有机更新"走向新的"有机秩序"——北京旧城居住区整治途径（二）[J]. 建筑学报. 1991（2）: 7-13.
[294] 吴良镛. 菊儿胡同试验的几个理论性问题——北京危房改造与旧居住区整治（三）[J]. 建筑学报. 1991（12）: 2-12.
[295] 吴良镛. 北京旧城与菊儿胡同[M]. 北京: 中国建筑工业出版社, 1994.
[296] 吴文焘. 友爱的民族家庭[罗马尼亚通讯][J]. 世界知识, 1952（5）: 18.
[297] 吴志宏. 芒福德的地区建筑思想与批判的地区主义[J]. 华中建筑, 2008（2）: 35-36.
[298] 夏荻. 存在的地区性与表现的地区性——全球化语境下对建筑与城市地区性的理解[J]. 华中建筑, 2009（2）: 7-10.
[299] 谢士强. 说园·画园[J]. 美术观察, 2017（2）: 96-101.
[300] 谢吾同, 马丹. 西方批判性地域主义建筑师述评[J]. 重庆建筑大学学报（社科版）, 2000（1）: 99-105.
[301] 谢英俊, 张洁, 杨永悦. 将建筑的权力还给人民——访建筑师谢英俊[J]. 建筑技艺, 2015（8）: 82-90.
[302] 新华通讯社. 两个世界中的工人住宅[J]. 世界知识, 1952（16）: 23.
[303] 邢和明. 中国共产党对苏联模式认识的演变（1949—1976）[D]. 博士学位论文, 中共中央党校, 2004.
[304] 徐千里. 全球化与地域性——一个"现代性"问题[J]. 建筑师, 2004（6）: 68-75.
[305] 徐千里. 地域——一种文化的空间与视阈[J]. 城市建筑, 2006（8）: 6-9.
[306] 徐千里. 重建全球化语境下的地域性建筑文化[J]. 城市建筑, 2007（6）: 10-12.
[307] 徐强生, 谭志民. 探求我国住宅建筑新风格的途径[J]. 建筑学报, 1961（12）: 9-12.
[308] 徐小东. 我国旧城住区更新的新视野——支撑体住宅与菊儿胡同新四合院之解析[J]. 新建筑, 2003（2）: 7-9.
[309] 徐一大. 家在朱家角——记上海青浦康桥水乡[J]. 时代建筑, 2006（3）: 92-95.
[310] 许亦农. 普遍性和局部性: 评述当代中国建筑环境的性格, 刘思捷, 韩阳译[J]. 建筑师, 2016（6）: 102-112.
[311] 许蓁. 格调竹境——现代语境下的中国意向[J]. 时代建筑, 2010（5）: 76-79.
[312] 亚历山大·佐尼斯, 利亚纳·勒费夫尔. "那么, 为什么是多西？", 黄卿云译[J]. 建筑师, 2018（2）: 26-32.
[313] 闫少华. 易郡·新本土主义建筑[J]. 建筑学报, 2005（10）: 50-54.
[314] 闫少华. 易郡——新北京四合院[J]. 世界建筑, 2005（9）: 118-122.
[315] 严迅奇. 九间堂——另类的别墅文化[J]. 时代建筑, 2005（6）: 108-113.
[316] 杨超英. 土楼公社[J]. 住区, 2011（2）: 54-57.
[317] 杨超英, 魏刚. 天津格调竹境[J]. 建筑学报, 2010（3）: 74-76.
[318] 杨超英, 魏刚, 周恺. 东莞万科棠樾[J]. 建筑学报, 2010（8）: 37-42.
[319] 杨建刚. 陌生化理论的旅行与变异[J]. 江海学刊, 2012（4）: 205-213+239.
[320] 杨林, 庞弘. 批判性地域主义建筑特征初探[J]. 华中建筑, 2009（5）: 10-12.
[321] 杨涛, 张军. 熟悉化语境中的陌生化叙事——云南本土建筑师张军访谈及其随感[J]. 华中建筑,

2013（12）：15-20.

[322] 杨向荣. 陌生化[J]. 外国文学，2005（1）：61-66.

[323] 杨子伸，赖聚奎. 返璞归真 蹊辟新径——武夷山庄建筑创作回顾[J]. 建筑学报，1985（1）：16-27.

[324] 野卜，张洁. 从材料角度分析——二分宅[J]. 时代建筑，2002（6）：48-51.

[325] 叶涛，史培军. 从深圳经济特区透视中国土地政策改革对土地利用效率与经济效益的影响[J]. 自然资源学报，2007（3）：434-444.

[326] 叶晓滨. 大众传媒与城市形象传播研究[D]. 博士学位论文. 武汉大学，2010.

[327] 叶永青，吕彪. 妄想和异行 罗旭的昆明土著巢[J]. 时代建筑，2006（4）：140-147.

[328] 业余建筑工作室. 钱江时代（垂直院宅），杭州，中国[J]. 世界建筑，2012（5）：102-107.

[329] 于闻，张珍，王飒. 反复与叠加——王澍建筑作品中本土建筑元素的呈现研究[J]. 建筑师，2017（3）：67-76.

[330] 余啸峰，汤健泓. 乡土文化，现代演绎——关于重庆翡翠湖一期[J]. 时代建筑，2006（3）：82-85.

[331] 袁烽. 九间堂集群设计有感[J]. 时代建筑，2006（1）：40-41.

[332] 袁烽，林磊. 中国传统地方材料的当代建筑演绎[J]. 城市建筑，2008（6）：12-16.

[333] 张弛，苏晨. 紫庐中式别墅[J]. 建筑学报，2006（4）：46-50.

[334] 张弛，王秀娥. 观唐设计回顾[J]. 建筑学报，2006（10）：33-35.

[335] 张帆. 清水会馆"游记"[J]. 建筑师，2006（6）：168-172.

[336] 张建明. 刘晓平：全球化语境下的设计态度[J]. 中外建筑，2011（11）：20-27+18-19.

[337] 张锦秋，张昱旻. 现代民居群贤庄——西安群贤庄小区[J]. 建筑学报，2003（1）：36-39.

[338] 张敬淦，任朝钧，萧济元. 前三门住宅工程的规划与建设[J]. 建筑学报，1979（5）：16-22+11.

[339] 张开济. 改进住宅建设 节约建设用地[J]. 建筑学报，1978（1）：14-20.

[340] 张开济. 从北京前三门高层住宅谈起[J]. 建筑学报，1979（6）：21-25+6.

[341] 张开济. 多层和高层之争——有关高密度住宅建设的争论[J]. 建筑学报，1990（11）：2-7.

[342] 张轲. 微胡同[J]. 时代建筑，2014（4）：106-111.

[343] 张轲，张益凡. 共生与更新 标准营造"微杂院"[J]. 时代建筑，2016（4）：80-87.

[344] 张轲，张弘，侯正华 等. 万科苏州"本岸"新院落住宅[J]. 城市环境设计，2011（Z1）：196-201.

[345] 张雷. 优胜奖：高淳诗人住宅，南京，中国[J]. 世界建筑，2009（2）：30-39.

[346] 张雷. 混凝土缝之宅[J]. 城市环境设计，2009（6）：142-147.

[347] 张雷，何碧青. 诗意地栖居 南京高淳诗人住宅[J]. 室内设计与装修，2009（4）：66-69.

[348] 张力智. 桃花源外的村落——中国乡土建筑的研究拓展及其意义[J]. 建筑学报，2017（1）：96-101.

[349] 张鹏举. 从科技发展看建筑的地域性[J]. 建筑师，2011（5）：89-92.

[350] 张卫良. 20世纪西方社会关于"消费社会"的讨论[J]. 国外社会科学，2004（5）：34-40.

[351] 张永和. 平常建筑[M]. 北京：中国建筑工业出版社，2002.

[352] 张永和. 拓扑景框——柿子林别墅/会馆[J]. 世界建筑，2004（10）：88-91.

[353] 张永和. 拾贰院运河岸上的院子别墅区之泰禾俱乐部[J]. 建筑技艺，2011（Z2）：230-235.

[354] 张永和，舒赫. 上海青浦区涵璧湾花园[J]. 中国建筑装饰装修，2011（7）：106-114.

[355] 张永霞. 福柯话语分析：话语研究新视角[J]. 牡丹江大学学报，2018，27（9）：89-91+107.

[356] 张早. 退台方院及其架空层的起伏——网龙公司长乐园区职工宿舍所引发的思考[J]. 建筑学报，2015（5）：57-61.

[357] 赵琳，张朝晖. 新地域建筑的思考[J]. 新建筑，2000（5）：10-12.

[358] 赵强. 绿城·云栖玫瑰园中式大宅[J]. 城市·环境·设计，2014（6）：220-223.

[359] 赵巍岩，王琦. "词"决定建筑[J]. 建筑师，2012（1）：81-83.

[360] 赵晓东. 第五园——一个村落的产生[J]. 建筑创作, 2005 (10): 134-137.
[361] 赵扬. 喜洲竹庵记[J]. 城市环境设计, 2016 (3): 128-133.
[362] 赵扬, 柳亦春, 陈屹峰, 张轲. 演进中的自我[J]. 时代建筑, 2013 (4): 44-47.
[363] 郑时龄. 当代中国建筑的基本状况思考[J]. 建筑学报, 2014 (3): 96-98.
[364] 支文军, 朱金良. 中国新乡土建筑的当代策略[J]. 新建筑, 2006 (6): 82-86.
[365] 仲德崑. 建筑终应接地气, 春雨润物细无声——试评魏春雨近期建筑设计作品[J]. 新建筑, 2013 (6): 70-71.
[366] 周卜颐. 从香山饭店谈我国建筑创作的现代化与民族化[J]. 新建筑, 1983 (1): 17-22.
[367] 周雪. 苏州园林与现代生活方式的有机结合——苏州西山恬园别墅设计[J]. 上海建设科技, 2007 (6): 55-56.
[368] 周鸣浩. 创作中介与审美体验——20世纪80年代中国现代建筑关于继承园林传统的探索[J]. 建筑师, 2014 (5): 79-87.
[369] 周榕. 建筑师的两种言说——北京柿子林会所的建筑与超建筑阅读笔记[J]. 时代建筑, 2005 (1): 90-97.
[370] 周榕. 焦虑语境中的从容叙事——"运河岸上的院子"的中国性解读[J]. 时代建筑, 2006 (3): 46-51.
[371] 周榕. 时间的棋局与幸存者的维度 从松江方塔园回望中国建筑30年[J]. 时代建筑, 2009 (3): 24-27.
[372] 周榕. 从中国空间到文化结界——李晓东建筑思想与实践探微[J]. 世界建筑, 2014 (9): 33-35.
[373] 周榕. 不一不异, 与古为新——当代语境下对传统文明的批判性认同与包容性建构[J]. 城市建筑, 2014 (10): 22-24.
[374] 周荣. 结构主义的兴衰[J]. 理论界, 2006 (1): 155-156.
[375] 周怡. 社会结构: 由"形构"到"解构"——结构功能主义、结构主义和后结构主义理论之走向[J]. 社会学研究, 2000 (3): 55-66.
[376] 诸葛净. 个性、自治、平等与关于房间的想象: 20世纪初中国城市中等阶级居住观念中的理想住宅——居住: 从中国传统城市住宅到相关问题系列研究之六[J]. 建筑师, 2017 (6): 61-68.
[377] 朱宏宇. 从传统走向未来——印度建筑师查尔斯·柯里亚[J]. 建筑师, 2004 (3): 45-51.
[378] 朱宏宇. 园林与如画——18世纪英国如画园林思想的流变[J]. 建筑师, 2006 (1): 83-90.
[379] 朱宏宇. 英国18世纪自然风景园林之父威廉·肯特的如画贡献[J]. 中国园林, 2016 (5): 57-61.
[380] 朱建平. 试图用白话文写就传统——深圳万科第五园设计[J]. 时代建筑, 2006 (3): 75-81.
[381] 朱涛. 是"中国式居住", 还是"中国式投机+犬儒"?[J]. 时代建筑, 2006 (3): 42-45.
[382] 朱涛. 新中国建筑运动与梁思成的思想改造: 1952—1954 阅读梁思成之四[J]. 时代建筑, 2012 (6): 130-137.
[383] 朱涛. 新中国建筑运动与梁思成的思想改造: 1955 阅读梁思成之五[J]. 时代建筑, 2013 (1): 158-165.
[384] 朱亦民. 一种现实(主义)——读朱涛工作室近期两个作品有感[J]. 时代建筑, 2005 (6): 38-43.
[385] 朱亦民. 现代性与地域主义——解读《走向批判的地域主义——抵抗建筑学的六要点》[J]. 新建筑, 2013 (3): 28-34.
[386] 朱兆雪, 郑惠芬. 右安门实验性住宅的结果[J]. 建筑学报, 1957 (11): 53-57+52.
[387] 邹德侬, 刘丛红, 赵建波. 中国地域性建筑的成就、局限和前瞻[J]. 建筑学报, 2002 (5): 4-7.
[388] 邹德侬, 王明贤, 张向炜. 中国建筑60年 (1949—2009): 历史纵览[M]. 北京: 中国建筑工业出版社, 2009.

附录 A 当代中国有关建筑地域主义的讨论

类别	具体观点
对西方批判的地域主义或相关理论的解读	谢吾同，马丹：回顾了批判的地域主义理论从提出到发展的全过程。（2000）
	刘晓平：中国的建筑应当采用批判的地域主义态度。（2004）
	沈克宁：态度乐观，认为批判的地域主义具有永恒的生命力。（2004）
	汪丽君：从地方寻找原型的新地域主义类型学是当代西方建筑类型学理论的重要组成部分。（2005）
	王楠：总结分析芒福德的地域主义思想。（2006）
	王颖，卢永毅：梳理批判的地域主义理论源流，归纳其他学者对批判的地域主义的批判。（2007）
	汪丽君：重点解释弗兰姆普敦的批判的地域主义思想。（2008）
	吴志宏：总结芒福德的地域思想。（2008）
	李婷婷：批判的地域主义存在无法反映地方"真实"的悖论。（2011）
	朱亦民：解释弗兰姆普敦批判的地域主义思想中的"抵抗"思想。（2013）
通过作品解释当代中国建筑实践中出现的地域主义策略	彭怒，支文军：通过实践归纳建筑地域性特征的表现方式。（2002）
	关瑞明，聂兰生：认同提取传统要素运用于当代住宅设计的做法。（2003）
	朱亦民：对本土材料的运用可以很自然地被归类为建筑地域主义。（2005）
	支文军，朱金良：新乡土建筑为建筑地域主义的一部分，总结策略表达。（2006）
	袁烽：通过案例讨论传统材料的当代建构。（2008）
	茹雷：讨论空间层面地域性与时间传统延续性的设计策略。（2012）
	王维仁：讨论材料与形式上地域表达的具体方法。（2012）
	李昊，刘宏志，周志菲：总结材料的物质性操作所对应的非物质表达。（2013）
	赵扬，柳亦春，陈屹峰，张轲：表达以现代主义为基础，叠加地域修辞的设计倾向。（2013）
	仲德崑：赞同以材料和工艺表达地域性的做法。（2013）
	魏春雨：从类型转换到地景知觉的地域性设计手法。（2013）
	赖德霖：王澍建筑的"中国性"在于其画意美学。（2013）
	杨涛，张军：提倡重构原型、采用本土材料的"陌生化"设计手法。（2013）
	王毅：归纳地域主义建筑的特征为动态、异化、开放。（2013）
	李振宇，李垣：本土材料的当代表述是建筑地域主义的设计方法之一。（2014）
	周榕：李晓东的地域建筑不提供范式，而注重建筑与场域的融合。（2014）
	崔愷：本土设计立足土地，设计结合本土材料与适宜技术。（2014）
	金秋野：崔愷的本土设计体现出国家意识，但不使用具体的形式符号。（2016）

续表

类别		具体观点
地域主义与全球化的关系	二者兼容	赵琳，张朝晖：新地域建筑应当兼容全球与地方。（2000）
		李晓东：地域主义对现在和未来同样重视。（2001）
		徐千里：地域主义应当主动融入全球化进程，吸收来自其他文化的内容。（2004，2006，2007）
		张鹏举：全球化与地域性是局部对立整体统一的。（2011）
		马敏：地域主义融合现代技术与地域文化，是全球化与地域性两极之间的链接。（2014）
		李晓东：本土化是自省的地域主义，与全球化息息相关。（2017）
	二元对立	夏荻：存在的地区性抵抗全球化，表现的地区性利用全球化。（2009）
		单军 等：本土设计是地区文化对全球化的反击，不存在全球化的建筑。（2010）
		刘晓平：地域主义是反全球化的一种主张。（2011）
		李翔宁：中国青年建筑师通常会在全球化与地域性的二元对立中选择一个立场。（2011）
		陆激：本土主义始终处在全球化的对立面。（2016）
符号批判寻求本质		李晓东：以标签化的"中式"对抗外来文化入侵是无用的。（2005）
		卢健松：在工作中追问地域性不可能通过符号拼贴来完成。（2008）
		卢健松，李坚：地域主义不可能通过再现传统、放大文化符号的方式实现。（2010）
		杨林，庞弘：对传统材料或形式不假思索的使用只会造成混乱的符号拼贴。（2009）
		陈昌勇，肖大威：当代的建筑地域主义实践始终围绕符号，没有摆脱形式主义的困扰。（2010）
		刘晓平：因为不想模仿和复制传统符号，所以追求"陌生化"。（2011）
		陆邵明：风格与形态输出非长久之计，语境思维才是我们需要的。（2013）
		许亦农：为了追求"地区"与"传统"所进行的刻意粉饰，只会适得其反。（2016）
对建筑地域主义的质疑		李翔宁：对地域主义的盲目追求会令我们忽视真正的地域本质。（2005）
		黄晔，戚广平：批判的地域主义方法在中国是注定会遇到困难的。（2008）
		刘晓平：地域主义是不断变化的，如果限定其在一定地域里，反而会造成自相矛盾的结果。（2009）
		金秋野：地域主义无法刻意制造，模仿只会让我们离它越来越远。（2015）
		罗劲：建筑的地域性会自然而然地形成，而不必刻意去强调。（2010）
		李婷婷：批判的地域主义在消除符号的过程中又形成了新的符号。（2010）
		陆激：地域性是主观的，无法负责全局的问题。（2016）

附录 B 本文涉及的主要案例

1. **菊儿胡同改造工程**
   时间：1989—1995年
   建筑师：清华大学吴良镛院士主持
   地点：北京旧城，菊儿胡同北侧，南锣鼓巷东侧
   面积：改建街坊面积8.2hm²，130个院。一期拆除老院落7个，危旧平房64间，工程占地2090m²，完工后新住宅共46套，建筑面积2760m²；二期选择人口最密集的192户，占地1.14hm²的地段；三期位于一、二期向西发展至南锣鼓巷北口的地段，涉及居住、旅馆、商业、传统四合院保留等多种类型；四期则是在前三期的基础上，完成全部改造。

2. **土著巢**
   时间：1996年
   建筑师：罗旭
   地点：云南昆明小石坝石安公路旁
   面积：占地9720m²，建筑面积2636m²
   特征：总体布局分成三块，居住、展览、辅助用房各占地块一角。形式是一个个凸起于地面的状似窝头的土包，内部为砖砌的穹顶结构，外部黄土包裹。建筑形式与室内的大量雕塑都充满了人体的隐喻。

3. **山语间别墅**
   时间：1998年
   建筑师：非常建筑，主持建筑师张永和
   地点：北京怀柔山中一块废弃的梯田
   面积：380m²
   特征：建筑顺着地势倾斜的单坡屋顶限定了开放的生活空间，原有梯田的挡土石墙与玻璃共同构成建筑的外围护。空间构成上采取以小空间分隔大空间的方式，小空间多以厚墙形式出现，屋面上的三个阁楼如同落在山坡的小屋。

4. **中国人家**
   时间：2000年
   建筑师：香港博嘉联合设计工程公司，主持建筑师朱光亚
   地点：南京江宁区百家湖
   面积：园区南北长306～382m，东西宽302～320m，规划用地18万m²，总建筑面积111000m²。
   特征：整体由西园、颐心园、玉鉴园三个园区组成。西园与颐心园是徽派风格的联排别墅，玉鉴园是江南私家园林风格的独立别墅。

5. **芙蓉古城**
   时间：2001年
   建筑师：四川省建筑设计院
   地点："金温江"的永宁镇
   面积：一、二期占地53.3hm²，建筑面积约13000m²
   特征：总体布局由五个组团构成，分别是川西民居宣华园、苏州民居沧浪园、云南民居拓东园、唐风民居玉溪园、独立宅院紫宸园。

续表

6	**康堡花园** 时间：2002年 建筑师：中国建筑设计研究院设计 地点：北京朝阳区 面积：基地面积12000m^2，建筑面积77738m^2 特征：总体布局以两栋L形建筑围合形成一个不完全闭合的庭院，建筑高度层层跌落，分别为23、22、21、20、12、10、8层。立面上在外围做了一圈类似柱廊的形式，颜色选择以白、灰、木色为主。	
7	**香山甲第** 时间：2002年 建筑师：美国XWHO设计公司设计 地点：北京西郊 面积：基地面积132870m^2，建筑面积97787m^2 特征：总体布局采用环绕中心开放空间布置组团开放空间的方式，从小区进入建筑之前，需要经过一个过渡的前院空间。立面与景观有大量形式符号。	
8	**群贤庄** 时间：2002年 建筑师：中国建筑西北设计研究院，主持建筑师张锦秋 地点：西安市南二环西段 面积：基地面积4.1hm^2，地上建筑面积61842m^2，其中住宅建筑面积59425m^2 特征：总体布局采用一条环路围绕中心花园，三条主干道向西、南、北三个方向延伸，形成三个组团，建筑行列式布局。建筑材质、形式与细部选择上简洁素净，以"新唐风"为标签。	
9	**二分宅** 时间：2002年 建筑师：非常建筑，主持建筑师张永和 地点：北京延庆水关山谷"长城脚下的公社" 面积：449m^2 特征：建筑以一分为二的两个盒子，与山体共同围合院落。四种基本建材分别为混凝土、土、木、玻璃。混凝土条形基础上面是两个60cm厚L形夯土墙作为外侧围护墙，内侧则是采用胶合木柱与高密度板，以及白松木板条，木结构的加固通过钢索完成，玻璃填充视线开口。	
10	**岭南花园** 时间：2003年 建筑师：广州城市开发设计有限公司 地点：广州市白云区 面积：基地面积6.88hm^2，总建筑面积12.8万m^2 特征：空间布局以"围合院"为基本单元。围合院高6层，夏季主导风向的南侧开口，东、西、北侧也有局部架空。商业空间采用岭南的"骑楼"，设置供步行的架空走廊。建筑外观沿用岭南传统建筑色彩，灰瓦、白墙、青砖作为基本色调，部分点缀绿色山墙。	

续表

11	**江南水乡·华立碧水铭院** 时间：2003年 建筑师：项秉仁建筑设计咨询（上海）有限公司、都市建筑设计国际有限公司（香港）共同设计 地点：杭州西湖区，西溪国家湿地公园旁 面积：总建筑面积11800m² 特征：外观采取白墙、黛瓦、坡屋顶、素色以及部分细节如月洞门等。	
12	**金都华府** 时间：2003年 建筑师：杭州中联程泰宁建筑设计研究院有限公司，主持建筑师程泰宁 地点：杭州吴山紫阳山东麓 面积：总用地面积74514m²，总建筑面积168983m²，其中住宅建筑面积132709m² 特征：外观和细节上借鉴江南传统建筑的图示与色彩，采用逐层退台的深色屋顶、浅灰色墙面、深灰色花岗石底座、局部赭红色阳台隔板，以及琴棋书画主题的雕塑、诗碑等庭院装饰。	
13	**苏州寒舍** 时间：2003年 地点：苏州姑苏区 面积：建筑面积94000m² 特征：建筑形式以白墙、黛瓦、飞檐、阶梯式马头墙，以及美人靠等细部做法，寻找与江南民居的联系。	
14	**清华坊（成都）** 时间：2003年 建筑师：成都华宇建筑设计有限公司 地点：成都南郊 面积：占地5.9hm²，总建筑面积51000m²，其中住宅面积40700m² 特征：建筑后院较大且以高墙围合，立面与细部处理上也直接选取了民居中的形式符号，如高低错落的深色坡屋顶、屋脊、檐口处的瓦当、屋面小青瓦，三层书房挑出的平台上设置美人靠等。	
15	**三连宅** 时间：2003年 建筑师：大舍建筑设计事务所 地点：江苏昆山淀山湖镇 面积：460m² 特征：二层三个彼此独立的纵向空间架在一层三个彼此联结的横向空间之上。一层室内主空间的方砖采用了跟金砖一样的制作工艺。地砖光滑细腻的表面质感，与三个悬浮的条形空间，共同形成江南水乡的观感。	

续表

16	**玉山石柴** 时间：2003年 建筑师：马清运 地点：陕西省蓝田县玉山镇 面积：占地200m²，建筑面积385m² 特征：建筑坐落在山与河之间，一个带前院的二层小楼，一层待客与辅助，二层卧室，建筑侧边有一个狭长的游泳池。建筑师选取本地山间的石头作为主要围护墙体以及部分地面铺装。	
17	**钱江时代** 时间：2004年 建筑师：业余建筑工作室，主持建筑师王澍 地点：浙江省杭州市，越过钱塘江第三大桥后的引桥左侧 面积：基地面积2.3万m²，总建筑面积12万m² 特征：总体布局是2座点式，4座板式，一共6座近百米的高层住宅线性排列。竖向是200余个两层高的院子叠砌起来，每户拥有前后两个两层高的院落，院中种植茂盛的植物。	
18	**天伦随园** 时间：2004年 建筑师：原景机构视觉建筑工作室 地点：北京昌平 面积：占地13.3hm²，建筑面积25000m² 特征：从整体布局到建筑景观都追求"江南传统民居"与"江南私家园林"风格，具体包括各式临水而建的廊、阁、亭、轩、榭，以及湖石假山、飞檐翘角、小桥洞门。	
19	**易郡** 时间：2004年 建筑师：中外建工程设计与顾问有限公司 地点：北京顺义 面积：占地27.8hm²，建筑面积86621m² 特征：总平面布局是车行环路与南北向主干道将全区划成三片。建筑空间强调宅院关系，大部分户型有内外院之分，外院类似西式别墅庭院，内院则是北京四合院式的内向方正空间。形式上除了常见的深色坡屋顶，门窗材料选择木材，面砖和面瓦选择传统工艺的青灰色黏土制品。	
20	**运河岸上的院子** 时间：2004年 建筑师：非常建筑、英国边缘建筑设计事务所等 地点：北京通州大运河北侧 面积：建筑面积80000m² 特征：材料上选择尺度接近传统灰砖的半模混凝土砌块，建筑节点独立设计，但有意包裹在表皮之中。为别墅区内200个家庭服务的私人会所泰禾俱乐部，以一组12个相互咬合叠加的院落构成，再围合出一个中心庭院。	

续表

21	**柿子林别墅** 时间：2004年 建筑师：非常建筑，主持建筑师张永和、王晖 地点：北京昌平十三陵万娘坟，一片柿子林中 面积：占地250余亩，约17hm²，建筑面积4800m² 特征：宅内九个房间就如同九个朝向不同方向的取景器，形状内收外放，两侧承重墙呈"八"字关系，外口是大幅落地窗。房间顶部倾斜程度不同的屋顶，又构成了一个类似中国传统建筑群屋面的拓扑形式。	
22	**九间堂** 时间：2004年 建筑师：上海中房建筑设计有限公司规划，严迅奇、矶崎新、丁明渊、俞挺、袁烽等建筑师分别完成建筑设计 地点：上海浦东世纪公园东侧 面积：基地面积107739m²，总建筑面积28722m² 特征：基地中央开渠引水，将整个地块划分成周边区域和中部三个半岛区域，中心区别墅户户邻水。严迅奇的A1型别墅采用了多层次的合院方式，形式上以白墙、通透的出挑屋檐、蟹眼天井等将天光反射、过滤后渗入大厅。	
23	**绿城桃花源** 时间：2004年 建筑师：浙江绿城东方建筑设计有限公司 地点：杭州市西郊余杭镇凤凰山 面积：建筑面积35000m² 特征：其中的西锦园以苏州古典园林为原型，通过围墙、花窗、月洞门、山石、水岸、曲廊、字碑、砖雕等形式符号，再现园林场景。	
24	**颐景山庄** 时间：2004年 建筑师：杭州园林工程有限公司 地点：杭州市富阳区银湖开发区内 特征：综合了中国古典园林的多种形式要素，营造了玉峰塔影、香远益清、采香云径、颐和清音、澄波叠翠、涧潭芝荷、镜影涵虚、碧云深处、拥翠绿屿、风篁清听等10个符号色彩浓烈的景观节点。	
25	**江枫园** 时间：2004年 建筑师：中国对外园林建设苏州公司 地点：苏州金阊区 面积：总建筑面积30000m² 特征：整体设计以苏州古典园林为蓝本，用园林形式符号包裹现代独户住宅空间。	

续表

26	**清华坊（广州）** 时间：2004年 建筑师：广州市弘基市政建筑设计院有限公司 地点：广州市番禺区 面积：总建筑面积60000m^2 特征：大量形式要素散见于整个住区，如分户马头墙、局部菱形景窗、镂空精致的窗棂、窗楣小披檐、斗栱、雕花、门头、包鼓石、花窗、灯饰、木作、屋檐、制式围墙等。	
27	**紫庐** 时间：2005年 建筑师：北京东海富京国际建筑设计有限公司 地点：北京朝阳区亚运村 面积：用地1.5hm^2，建筑总面积18000m^2 特征：总体布局上是很简明的行列排布。建筑单体空间同样是现代西式住宅的组织手法。立面形式上截取了多种民居的形式要素，如北京四合院的灰砖墙、江南民居的白墙、深色瓦屋顶、王府的朱漆大门、悬山或歇山屋顶的博风板、园林中的漏窗，以及各地民居中都出现过的砖雕等。	
28	**优山美地·东韵** 时间：2005年 建筑师：山东大卫建筑设计有限公司 地点：北京市顺义区后沙峪镇温榆河畔 面积：用地面积13.96hm^2，总建筑面积116800m^2，容积率0.68 特征：总体布局与建筑空间均无地域性指向。形式上既有北京民居元素，又结合江南民居的用色，白墙灰砖墙搭配，装饰细部上偏向北方民居，使用造型简化的门楼、双坡屋顶、屋脊、门窗楣、木格窗饰等。	
29	**康桥水乡** 时间：2005年 建筑师：美国W+Z建筑设计公司与上海三益建筑设计公司 地点：上海青浦朱家角 面积：建筑面积22700m^2 特征：总体布局采用"排屋"的形式，密排水边。内部河网纵横，河上分布较少雕饰的石桥。邻水的住宅前有一河埠头，院墙很高，形成天井的感觉，外观黑色单坡顶和素色外墙，与江南民居色调一致。	
30	**拙政东园园林别墅** 时间：2005年 地点：苏州古城百家巷中，与拙政园仅一街之隔 面积：总用地面积46亩，容积率小于0.4 特征：总体布局上把整个住区看作一个大的园林，住宅以组团方式置入其中。建筑单体体量打散，以庭院和廊道组织空间，加强内外空间联系，重视框景、对景、借景等视觉景观的组织。界面采用适度开放围墙的方式，形成视线通廊与更大的景观角度。	

附录 B 本文涉及的主要案例

续表

31	**深圳第五园** 时间：2005年 建筑师：北京市建筑设计研究院与澳大利亚柏涛（墨尔本）建筑设计公司，主持建筑师王戈、赵晓东 地点：深圳市龙岗区坂雪岗片区 面积：用地面积12万m²，建筑面积约120000m² 特征：社区的整体规划由中央景观带划分了两个边界清晰的村落，一条半环路将两个村落相连。建筑单体重视庭院的组织作用。形式上设置双层墙，墙脚采用烧制青砖，墙头深色压顶，屋顶为青灰金属瓦楞屋面，平直无起翘。色彩控制上以徽州民居为参照，黑白素色为主。	
32	**庐师山庄AB宅** 时间：2006年 建筑师：方体空间与北京市建筑工程设计公司 地点：北京西山八大处附近 面积：A住宅建筑面积838.97m²，B住宅建筑面积767.18m² 特征：两栋住宅各有内外庭院。内部空间组织采用穿插游走的散步路径，院落空间分两种：内院和外院。A的内外院之间用宽大的楼梯相连，B则有一个正方形的中央庭院，通过一条窄廊连向外院。	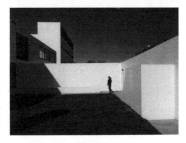
33	**江南坊** 时间：2006年 地点：江苏省无锡市 特征：建筑空间为常见的低层住宅，形式和景观上模仿江南住宅与园林，住区入口设置牌坊，中心绿地使用水景和假山，建筑外观粉墙黛瓦，院墙上做灰瓦压顶，景观中不乏飞檐翘角的亭子与瓦顶圆柱的廊道。	
34	**观唐** 时间：2007年 建筑师：北京东海富京国际建筑设计有限公司 地点：北京朝阳区 面积：用地25hm²，总建筑面积177309m²，住宅建筑面积172328m² 特征：总体布局以横平竖直的道路系统组织街巷，形态上主街宽胡同窄，由胡同进入四个住宅组成的"园"。建筑单体墙的形态是传统的硬山山墙，外饰面是对缝的两种不同深浅的面砖错缝粘贴。门窗和柱使用木材，颜色为木色或红色，庭院使用了类似江南园林的蜿蜒曲折的景观形态。	
35	**水岸清华** 时间：2007年 建筑师：上海三益建筑设计有限公司 地点：江苏省苏州市 面积：用地面积19.4hm²，建筑面积380000m² 特征：总体布局现代。单体设计中，联排别墅以前庭、中部天井以及后院组织空间，形式上采用错落的双坡屋顶，青瓦屋面与木构架虚实结合，外墙兼有青砖与粉墙元素，主色调为黑白灰。	

续表

36	**中安翡翠湖一期** 时间：2007年 建筑师：嘉柏建筑师事务所 地点：重庆市 面积：占地面积18hm^2，建筑面积49553m^2 特征：规划意图来自于重庆古城依山而建的群落建筑，院落顺着地势起伏层层叠砌，部分户型的底层与山体之间会形成一个类似于吊脚楼的半开敞空间，材料选用上为了寻求传统，以木、石、砖为主。	
37	**诗人住宅** 时间：2007年 建筑师：张雷建筑工作室，主持建筑师张雷 地点：南京高淳 面积：叶宅建筑面积580m^2 特征：采用四合院布局。表皮用本地砖窑生产的红砖包裹，由空洞、砍半砖与凸半砖中二至三种砌法的混合，三种密度的砖肌理与无规则窗洞结合起来，形成几何对应与逻辑。	
38	**混凝土缝之宅** 时间：2007年 建筑师：张雷建筑工作室，主持建筑师张雷 地点：南京琅琊路，一片建筑风貌保护区之中 面积：建筑面积270m^2 特征：建筑平面上分成三个部分，中间的交通与辅助空间分隔两边的起居空间。而楼梯对应的两个朝向的外墙做局部内缩与透明，形成竖向的折线形裂缝。材料上选择的是普通的木模混凝土，外面薄刷灰色涂层。	
39	**清水会馆** 时间：2007年 建筑师：董豫赣与百子甲壹工作室设计 地点：北京郊区 面积：建筑面积2000m^2 特征：空间组织体现出建筑师"文人造园"的倾向，空间一系列变化体现了园林中欲扬先抑、小中见大的手法。整体的空间布局上，通过片段组合的方式来构成建筑整体，不同的局部空间彼此能够独立，但又嵌套组合在一起。整个建筑只使用红色页岩砖进行极致的叠砌与编织。	
40	**棠樾** 时间：2008年 建筑师：天津华汇工程建筑设计有限公司 地点：广东东莞塘厦 面积：占地面积11hm^2，建筑面积42433m^2，其中住宅面积36816m^2， 特征：总体布局以"水城"为出发点，建筑串接分布在水面之上，或沿岸展开，或环绕水面，模拟水乡氛围。单体设计以院落为核心，前院、中央天井、后院与主起居、老人房等空间彼此穿插。	

续表

41	**本岸新院落** 时间：2008年 建筑师：标准营造，主持建筑师张轲、张弘、侯正华 地点：江苏苏州 面积：占地面积15.57hm²，建筑面积176000m² 特征：基地靠近两条河流，总体布局鱼骨状展开：单体构成片段，片段构成组团，组团构成院落，街巷联结院落。建筑单体小面宽、大进深，三重院落。形式上高墙深院、粉墙邻水。	
42	**土楼公舍（万汇楼）** 时间：2008年 建筑师：都市实践，主持建筑师刘晓都、孟岩 地点：广州与佛山的交界处 面积：建筑面积13711m² 特征：采用圆形中包含方形的总体布局方式，将小公寓单元匀质分布在整个建筑之中，体块之间安排交通或社区服务功能。每户的室内面积不大，每层楼都有公共活动空间。	
43	**5·12川震茂县杨柳村重建** 时间：2008年 建筑师：谢英俊 地点：距离成都273km的杨柳村 特征：以"协力造屋"为理念，建筑师为房屋设计主结构冷弯薄壁型钢构架。建筑材料多为就地取材，村民自主建屋。由当地的羌族民众用本地特有的技术完成符合民俗的建造，重建中的一层围护墙体，就是选取了本地石材，即杨柳村的石头砌筑工艺完成。	
44	**西山恬园** 时间：2009年 建筑师：上海东方建筑设计研究院 地点：江苏苏州 特征：总体布局上利用一条南北向的河道，沿河布置曲折的石砌驳岸、人行步道、曲廊、亭台；河的中部东西向延伸出条状绿带，建筑组团沿河或环绕景观绿化展开。建筑单体设计以打碎的起居空间与交通廊道共同围合庭院，庭院中有植栽、漏窗、曲折的路径，形式细部都按照苏州古建筑的尺寸设计。	
45	**格调竹境** 时间：2009年 建筑师：天津中天建建筑设计事务所，主持建筑师滑际珂 地点：天津河东区中山门 面积：占地5.54hm²，建筑面积144100m²，其中住宅面积142400m² 特征：形式上模仿徽州民居，用较多的白墙面搭配深色的勾线与屋顶，同时借用一些园林的手法。	

续表

46	**江南润园** 时间：2009年 建筑师：上海中房建筑设计有限公司 地点：浙江嘉兴新塍镇 面积：占地24.4hm^2，建筑面积173000m^2 特征：整体布局以水为线索，水巷将基地划分成一个个岛。低层别墅区两两相连，背街面水，单体以院落为核心展开，由建筑、挑廊、围墙组成南向主院，周边有建筑与围墙形成的"夹院"。院落中叠山理水造景。	
47	**凹舍** 时间：2009年 建筑师：陶磊建筑设计工作室，主持建筑师陶磊 地点：辽宁本溪 面积：占地5000m^2，建筑面积3000m^2 特征：建筑整体是一个内凹的砖盒子，三个内院插入方形的体量中，屋面向内汇聚，与庭院连成整体。建筑主材为暖色耐火砖。与建筑外墙相接的地面铺了与墙面同样的耐火砖，外院的院墙也是如此。建筑向土地中延伸，又在城市中隔离出一个内向的世界，符合中国传统居住的内涵。	
48	**淼庐** 时间：2009年 建筑师：李晓东工作室，主持建筑师李晓东 地点：云南丽江郊外的雪山脚下的玉湖村 面积：占地3000m^2，建筑面积1200m^2 特征：房子位于山坡上，坐山拥水，建筑四面环绕一个方形庭院，院内外有水。一层高的屋顶平缓起伏，与山势应和。材料选择木、石等当地材料，并以简单的构造技巧完成建造。灰瓦与木百叶形成的主色调，围合天井、建筑外廊的空间手法，有纳西民居的影子，但未特别强调。	
49	**上海第五园** 时间：2010年 建筑师：北京市建筑设计研究院与CCDI中建国际设计顾问有限公司 地点：上海浦东 面积：占地10hm^2，建筑面积130187m^2，其中住宅面积58157m^2 特征：建筑的行列式布局之中带入一点类似村落的不规则形状。单体设计上以"天井"为触发点，建筑均小面宽大进深，多采用前后院、下沉庭院、侧边院、窄天井的做法来组织功能与满足采光。形式上采用灰砖、白墙、深色压顶、石材漏窗的做法。	
50	**涵璧湾花园** 时间：2010年 建筑师：非常建筑，主持建筑师张永和 地点：上海青浦 面积：占地5hm^2，建筑面积19496m^2 特征：住宅的主要功能体块分散，通过庭院与廊道联结。形式上采用江南民居的山墙与坡屋顶，但材质使用作出变化，如灰色石材、铝合金屋面、金属压顶、白色粉墙、金属花格嵌以石材薄片的漏空墙等。	

续表

51	**微胡同** 时间：2013年 建筑师：标准营造，主持建筑师张轲 地点：北京大栅栏区域杨梅竹斜街53号院 面积：占地60m²，建筑面积30m² 特征：前面空间保留屋顶与结构，入口采用金属板搭成的通道；后面的房子被改造成一个围合式小庭院，沿着院子周边做一圈房间，二层再向内悬挑几个房间。	
52	**春晓砖宅** 时间：2013年 建筑师：佚人营造建筑师事务所，主持建筑师王灏 地点：宁波春晓 面积：占地约150m²，建筑面积约220m² 特征：平面是一个向心结构，三道回形横墙引导空间层层向内推进，最终聚拢在中央二层通高的内天井周围。建筑的用砖部分来自于原本的农居，在砌法上刻意避免了变化，只以最朴素的方式完成。	
53	**金凤梧桐华苑** 时间：2014年 地点：江苏淮安 面积：占地7.28hm²，建筑面积202500m² 特征：总体布局与户型都是现代高层住宅的典型平面：行列式、中央景观、车行环路，以及厅房厨卫的高效组织。形式上采用白墙、坡顶、高山墙、深色压顶、回字形装饰等形式符号。	
54	**云栖玫瑰园中式大宅** 时间：2014年 建筑师：浙江绿城建筑设计有限公司 地点：浙江杭州 面积：建筑面积74221m² 特征：总体布局是与车行道路紧密结合的行列式排布，道路与地形吻合，建筑布局尽量不影响原有树木。院内造景与建筑形式模仿传统建筑与古典园林，曲廊环水，石桥假山，以及建筑的白墙、黛瓦、飞檐、雕花栏杆、美人靠等形式，也都是传统形式要素的重现。	
55	**退台方院** 时间：2014年 建筑师：OPEN建筑事务所，主持建筑师李虎、黄文菁 地点：福建福州 面积：占地4.46hm²，建筑面积38200m² 特征：总体布局采用三个形似福建土楼的方形合院建筑，底层架空，场地路径贯穿三座房屋，高出地面的土丘既起支撑作用，又容纳健身、洗衣、食堂、便利等社区服务设施。三座合院根据周边不同的景观与彼此的相对关系，各自朝不同方向退台，造成了一系列屋顶平台，居民可从内院到达这些平台。	

续表

56	**四分院** 时间：2015年 建筑师：迹·建筑事务所（TAO），主持建筑师华黎 地点：北京 面积：占地97m²，建筑面积82m² 特征：以北京四合院为原型，但采取了完全不同的院宅组织方式。四个功能空间风车形环绕共用的客厅餐厅，每一个建筑实体拥有独立的天井小院。立面上追求四合院式的灰砖青瓦、屋顶举架曲线。	
57	**喜洲竹庵** 时间：2016年 建筑师：赵扬建筑工作室，主持建筑师赵扬、商培根 地点：云南大理喜洲镇 面积：占地约800m²，建筑面积426m² 特征：设计延续了周围传统民居院落的内向性特征，用九个内院与天井来组织空间，院落主要沿南北向展开，东西向有小院零星散落。来自大理本地的石灰混合草筋抹墙的做法，深色麻石压顶的形式选择，带有南方民居粉墙黛瓦的图示。	
58	**东梓关村回迁房** 时间：2016年 建筑师：浙江绿城建筑设计有限公司 地点：杭州市富阳区东梓关村 面积：用地1.9hm²，建筑面积15287m² 特征：每户为一个单元，六个单元形成组团，再将组团有机组合形成村落。形式上采用传统的双坡或单坡屋顶重构成连续的不对称坡屋顶，并针对不同单元的空间构成，匹配相应的屋面轮廓线。深灰色压顶与大面积白墙形成对比。	
59	**大乐之野庾村民宿** 时间：2017年 建筑师：直造建筑事务所，主持建筑师水雁飞 地点：浙江莫干山 面积：建筑面积1491m² 特征：通过建筑形体的拓扑关系以及多个窗框面对自然取景的做法，实现自然景观的内化，从人与自然的角度诠释场所性。具有园林的意识与特征。	
60	**假山** 时间：建设中 建筑师：MAD，主持建筑师马岩松 地点：广西北海 面积：建筑面积492369m² 特征：巨大的高层住宅沿着800m长的海岸线展开，选取"山"的意向，意图通过连绵起伏的形体实现人与自然的交流。将传统园林中以叠石理水描绘自然的方法转变为建筑形体本身就作为"山"而存在。	

图片来源：

菊儿胡同：参考文献[295]；土著巢：参考文献[327]；山语间别墅：http://www.fcjz.com；中国人家：参考

文献[274]；芙蓉古城：参考文献[107]；香山甲第：参考文献[105]；群贤庄：参考文献[337]；二分宅：作者摄；金都华府：参考文献[80]；苏州寒舍·清华坊：参考文献[281]；三连宅：大舍建筑提供；玉山石柴：参考文献[181]；钱江时代：作者摄；天伦随园：参考文献[183]；易郡：参考文献[314]；运河岸上的院子：http://www.fcjz.com；柿子林别墅：http://www.fcjz.com；九间堂：https://www.rocco.hk；紫庐：参考文献[333]；优山美地·东韵：参考文献[228]；康桥水乡：参考文献[309]；拙政东园园林别墅：参考文献[109]；第五园：参考文献[380]；庐师山庄：参考文献[92]；江南坊：参考文献[235]；观唐：参考文献[334]；诗人住宅：作者摄；混凝土缝之宅：https://www.archdaily.cn；清水会馆：参考文献[88]；棠樾：参考文献[318]；本岸新院落：参考文献[344]；土楼公舍：都市实践提供；杨柳村重建：参考文献[301]；西山恬园：参考文献[367]；格调竹境：参考文献[317]；江南润园：参考文献[99]；凹舍：参考文献[240]；森庐：参考文献[158]；第五园：参考文献[252]；涵璧湾：参考文献[146]；微胡同：作者摄；春晓砖宅：参考文献[118]；金凤梧桐华苑：参考文献[110]；云栖玫瑰园：参考文献[358]；退台方院：参考文献[138]；四分院：参考文献[66]；喜洲竹庵：参考文献[361]；东梓关村回迁房：参考文献[211]；大乐之野庚村民宿：李文婷摄；假山：http://www.i-mad.com/。

附录 C 历史事件年表

时间	社会事件	中国建筑领域的事件	住宅的地域意识表达
1949年	新中国成立		
1953年	中共中央提出"适用、经济，在可能条件下注意美观"的建筑设计十四字方针		结合大街坊与中国古代八卦图形的百万庄小区基本建成
1954年	第一届全国人民代表大会上，周恩来批评建设浪费现象	梁思成在中央科学讲座上发表演讲《祖国的建筑》 公共建筑领域产生了一批大屋顶建筑，如北京友谊宾馆、长春地质宫、兰州西北民族学院教学楼等	以大屋顶和传统装饰为主要特点的地安门机关宿舍大楼建成
1955年	人民日报发表社论《反对建筑中的浪费现象》，开设专栏《厉行节约、反对基本建设中的浪费》	中国建筑工程部发布《关于组织学习全苏建筑工作者会议文件的决定》"反浪费、反复古、反形式主义"运动展开	受大街坊布局影响的外廊住宅北京右安门实验住宅建成
1957年			受大街坊布局影响的外廊住宅北京幸福村建成
1958年	人民日报发表社论《我们的行动口号——反对浪费，勤俭建国!》，《城市建设必须符合节约原则》	为迎接建国十周年，建筑工作者应政府召集，开始设计首都十大国庆工程	哈尔滨出现极度节约材料的"四不用"大楼 城市人民公社出现，典例如北京安化楼
1959年		包含多个大屋顶建筑的首都十大国庆工程完工	各地设置当地的标准设计机构，住宅平面依据气候考虑设计差异
1960年			《建筑学报》刊登不同地区依照自然条件不同设计的住宅方案
1961年	八届九中全会正式通过"调整、巩固、充实、提高"八字方针，经济发展强调以农业为基础		徐强生、谭志明文章《探求我国住宅建筑新风格的途径》，谈及学习和运用传统手法创造住宅新形式 湛江会议住宅建筑方案评选，出现适合不同气候的住宅设计新尝试
1965年	毛泽东号召展开设计革命，降低住宅标准		
1966年		中国建筑学会召开第四届代表大会及学术会议，交流低标准住宅设计经验 《建筑学报》刊登多篇提倡住宅建设尽量节约的文章	

续表

时间	社会事件	中国建筑领域的事件	住宅的地域意识表达
1971年		为迎接中美建交、尼克松访华，两个月设计建造杭州机场候机楼，一字平面，框架外露，简洁朴实	天津市建筑设计院新建了一批"工业废料干打垒"和"一般材料干打垒"的低层住宅
1974年		全国住宅设计经验交流会在北京召开，会议期间举办住宅设计图片展	不同地区的通用住宅设计方案，无论规划还是单体平面各地设计都很相近
1975年		同济大学五七公社建筑学专业理论小组发表文章《批判古代建筑设计中的儒家思想》	政府在前三门大街南侧建造高层住宅，建筑形式素简，很少装饰
1978年	第十一届三中全会召开	中国建筑学会代表团赴墨西哥参加国际建协第13次大会 张开济发表《改进住宅建设 节约建设用地》。他提出"多层高密度"的住宅规划方式，提倡院落式、坡屋顶住宅	
1979年	中美建交	陈志华《外国建筑史》出版 建设部举行"全国城市住宅设计方案竞赛"	
1982年		改革开放后引入中国的第一个外国建筑师作品，北京香山饭店完工	
1983年		福建武夷山庄完工	
1984年	土地有偿使用原则确立	开展"全国砖混住宅新设想方案竞赛"，引入套型概念	南京工学院开始支撑体住宅实验
1987年	深圳颁布《深圳经济特区土地管理条例》，开始地皮有偿出让，带动全国房地产业的成长	上海松江方塔园二期工程全部完工 建设部举办"'七五'城镇住宅设计方案竞赛"	菊儿胡同被选定作为"新四合院"改造的基地
1988年	中共中央十三届三中全会做出"治理经济环境、整顿经济秩序、全面深化改革"的决定		吸收南方民居形式要素的无锡沁园新村建成
1989年		吴良镛出版《广义建筑学》 建设部举办"全国首届城镇商品住宅设计竞赛"	"新四合院"北京菊儿胡同开始建设
1992年	邓小平南巡讲话，市场经济正式提出	清华、天大、东南、同济四所院校的五年制建筑学专业毕业生开始授予建筑学专业学位	
1993年	国家采取调控措施，房地产泡沫破灭	华工、重建工、哈工大、西冶通过建筑学专业评估	
1996年		注册建筑师制度确立	延续苏州古城风貌的桐芳巷建成

续表

时间	社会事件	中国建筑领域的事件	住宅的地域意识表达
1997年	亚洲金融危机，国家发布政策鼓励住房消费，逐步停止福利分房		
1999年	福利分房末班车	世界建筑师大会在北京召开，通过了《北京宪章》	
2004年			观唐、易郡、运河岸上的院子等中式住宅大量出现在市场 王澍钱江时代建成 张永和柿子林别墅建成
2008年	北京奥运会举办 汶川发生大地震		张轲本岸新院落建成 谢英俊团队指导茂县杨柳村重建 土楼公舍建成
2010年	上海世博会举办	李晓东凭"桥上书屋"获阿卡汗建筑奖	
2012年		王澍获得普利兹克建筑奖	
2016年	杭州G20峰会召开	张轲凭"微杂院"获阿卡汗建筑奖	杭州东梓关村农民回迁房建成